腸命百歲 3

快樂菌讓你不憂鬱

益生菌權威
蔡英傑博士 著

推薦序

確立益生菌知識，選擇正確益生菌

孔學君　麻省總醫院Martinos中心Synapse自閉症研究主任

益生菌產業早已不是方興未艾而是蓬勃發展幾近氾濫，但對於該如何選擇最佳益生菌及補充方式，以及其背後的精深理論則領悟者寡誤解者眾，所以我強力推薦蔡教授的這本《腸命百歲3：快樂菌讓你不憂鬱》。作為致力於醫教研，信奉循證醫學，提升醫療水準的資深醫師，本人也極盼和本書作者展開合作並推廣拓寬這一成果到其他精神疾患領域。

一個正常成年機體約有多達一百兆微生物以各種方式與人體共生，總數可能是人體自身細胞數的數倍，大多屬於腸道菌群，雖然後者的重量只占體重的百分之二，但大多對身體機能有著極致關鍵的作用，包括益生菌，致病菌及條件致病菌。腸道菌群是維持我們健康的重要因素，他們直接影響著我們的代謝功能、免疫功能、消化、內分泌，並通過腸腦軸影響我們的神經精神系統等。完善均衡的腸道菌群生態是維持機體健康的必須條件，反之由於身心疾患、心理壓力、免疫下降、不良習性等會引起腸道菌群失衡進而損及健康。由此進補益生菌就成為近年傳播甚廣的保健品，而腸道菌群研究也成為當今世界醫學科研的熱點，腸道菌群與自閉症關係的探討及臨床實驗成為我在麻省總院的研究室的重點專案。預計特異性益生菌及特異性糞便移植對於人類疾病的治療作用富有廣闊前景。與不分場合種類地進補層出不窮的益生菌產品相比，確立正確的益生菌理論並正確選擇益生菌及進補和糞菌移植方式更為重要，也是當今科研的重點。

蔡教授選取菌腦腸軸及精神益生菌這一富有前景的新興方向，專心投入心血達十年，成果斐然，獲得寶貴的千餘種菌種庫，並依此施用於動物模型，成功利用外植益生菌調節大腦多巴胺及血清素，並獲得治癒老鼠抑鬱此令人振奮的結果，從而預示了推廣於人類的可行性。這一成果無疑提供了一種有潛力的新型治療或控制抑鬱症、巴金森氏症、自閉症、妥瑞症等一系列精神疾患的新思維，新理念。

希望讀者可以透過本書通向這一開創性的生化醫學理念，並享受他們的持續的鑽研步伐，獲得身心健康的長足收益。

推薦序

菌腦腸軸，精神疾病的未來處方

孫璐西　國立臺灣大學食品科技研究所名譽教授

人並非自外於自然生態網路的獨立個體，打從萬年前，我們的身體就與百兆微生物一同共生。這些微生物寄宿在我們的腸道中，為了生存，他們發揮影響力，操控大腦，誘發不同的情緒，改善大腦認知能力，與人體共生共榮。在憂鬱症罹患率居高不下的現代社會，能改變大腦，但副作用遠比藥物輕微的腸道菌，已成為精神疾病領域的一道新曙光。

大腦、腸道菌、大腸三者之間，以荷爾蒙、神經系統互相影響所形成的系統，被稱為「菌腦腸軸」；這項革命性的發現，已然成為近十年最夯的新興科學。二〇一六年，美國白宮推動國家微生物體計畫，研究微生物體如何影響人體健康。二〇一七年，微生物體被評選為最具潛力的醫療創新科技。短短兩年，創投基金投入微生物體產業的資金已經遠超過十億美元。二〇一八年關於微生物學，一年所發表的論文數已經突破一萬一千篇。隨著這波突飛猛進的腦腸熱潮，臺灣在蔡英傑教授的領導下，更開發出第一株，經動物實驗證明，可同時提高多巴胺與血清素的精神益生菌。

在這本書中，蔡教授藉由精神益生菌，開拓出腸道健康就是精神健康的革命道路。雖然精神益生菌目前尚被定義為保健食品，但教授預言「菌腦腸軸」將成為憂鬱症、自閉症、巴金森氏症、阿茲海默症等精神疾病的未來處方。在已取得動物實驗證明的基礎下，與多家醫學機構合作，積極進行精神益生菌的各種人體臨床實驗。相信他的努力，必定會帶領益生菌產業邁向新的境界。

蔡教授多年來深耕微生物應用領域，在研究之餘，亦提筆寫了多本腸道保健書籍，造福一般大眾。他宛若傳教士一般，廣播益生菌福音。背後支持他的，除了身為研究者的使命與熱忱、紮實的研究根基，還有「有一分證據，說一分話」嚴謹的科學態度。本書收錄了豐富的科學數據以及臨床案例，富含學術性的參考價值。期待這本書的出版，可以將科學界目前最炙手可熱的「菌腦腸軸」普及於一般民眾之間，讓大眾在精神養護方面，有一個自然、無負擔的新選擇。

推薦序

從教授到作家、從科學家到實業家——蔡英傑顛覆益生菌傳統觀念

郭旭崧　國立陽明大學校長

二〇一〇年，蔡英傑教授第一本《腸命百歲》甫出版，迄今十年光陰。二〇一九年《腸病百歲3：快樂菌讓你不憂鬱》再度出版，十年內陸續出版腸命百歲三部曲，蔡教授也算是著作等身的作家了。

蔡教授不愧是典型的科學家，以嚴謹的態度、大膽的假設、反覆的實驗，多年來投入益生菌研究。在大腸直腸癌發生率居高不下的今天，蔡教授的研究不僅僅只是學術研究，也具有實務的價值，如今透過臨床動物試驗，找到的益生菌除了促進腸道健康，還有幫助緩解類憂鬱症狀的功能。

蔡教授同時又是令人欽佩的實業家，早年他結合中醫理論研發精油，二〇一五年成立的生醫公司，當年是陽明大學重點育成廠商，如今不僅立足臺灣也成功

進軍國際，讓學校與有榮焉。他提出第一株精神益生菌（PS128），現在已獲得美國、歐盟等二十多國專利，更獲得創投挹注即將前進矽谷。

二〇一八年全國大學校長會議邀請加州大學洛杉磯分校（UCLA）的曾憲榮教授演講，他半開玩笑地說，今天UCLA醫學院的教授如果沒有開設超過兩個公司，都會被視為「次等教授」。玩笑歸玩笑，但鼓勵教授創設公司，將研發成果商品化，確實是美國產業能夠不斷創新的動力。我一直認為大學是知識經濟的火車頭，回到陽明大學擔任校長以來，積極推動產學合作。蔡教授的生醫公司團隊是陽明大學產學合作的最佳實例，名符其實的陽明之光。

集教授、作家、科學家、實業家一身的蔡教授，在這本最新的《腸命百歲3：快樂菌讓你不憂鬱》提出了新的「菌腦腸軸」概念，顛覆大眾對益生菌的傳統觀念，益生菌不僅有益腸道健康，也有助於精神健康。

蔡教授以深入淺出的文字，介紹神經系統以及什麼是精神益生菌，最後提出腦腸保健的基本功。這本書特別適合忙碌的上班族閱讀，尤其是現代人普遍外食，精神工作壓力大，都是胃腸與精神疾病的高風險族群，這本書有助於民眾釐清一些似是而非的觀念，達到「腸命百歲」。

蔡教授走出學術象牙塔，以十年光陰撰寫《腸命百歲》三部曲，替民眾健康盡一份心力，我非常敬佩他的毅力，也與大家分享這位陽明之光的最新作品。

推薦序

菌腦腸軸與巴金森氏症——最受矚目的科學研究新主題

陸清松 陸教授神經科診所院長

拜讀蔡英傑教授的新書《腸命百歲3：快樂菌讓你不憂鬱》，心中感佩萬分。蔡教授以精神益生菌為主軸，闡述菌腦腸軸此新觀念對醫療發展的重要性，衍伸至血清素與多巴胺，最後與自閉症和巴金森氏症的治療連結。蔡教授所帶領的團隊，致力於精神益生菌的研發，以實證科學為基礎，首創及成功開發出來的快樂益生菌（PS128），更是一番努力不懈，耗盡心思的科學研究成果。

依據菌腦腸軸此新觀念，腦細胞中的多巴胺凋亡所引發的巴金森氏症，有可能是Alpha-synuclein蛋白質從腸道吸收，經由迷走神經進入腦部所造成，這是目前最受到矚目及備受探討的病因。

目前巴金森氏症的藥物治療及深腦刺激手術，能有效改善動作症狀，但無法改變它的病程及治癒。對非動作症狀如便祕、憂鬱、精神症狀等，仍然棘手。而老鼠實驗已證實菌腦腸軸的理論，及快樂益生菌能改善巴金森氏症的症狀。針對早期病人的先驅試驗，亦發現動作及非動作症狀（如便祕及情緒）也有改善，且沒有明顯及持續性的副作用，誠如書中對於快樂益生菌有益於巴金森氏症的案例描述。

雖然這些觀察無法論斷，仍有待於大規模的臨床試驗加以證實。但快樂益生菌有可能改善巴金森病動作，及非動作症狀的論述，或者針對菌腦腸軸的病因的假說，將是科學研究的新主題。

菌腦腸軸將為科學、醫學帶來新的樣貌，誠摯推薦本書給關心自己身心健康的普羅大眾。更祝福及期待蔡教授的快樂益生菌的臨床試驗成功，帶給巴金森氏病友們一個「快樂腦」。

推薦序

帶來福氣的精神益生菌

蔡世仁　臺北榮總精神醫學部部主任、國立陽明大學精神學科部定教授

目前精神疾病的治療是以藥物為主，但是精神藥物的發展非常地緩慢，因為我們對腦部及精神疾病的了解仍然有限，以致於不少患者無法從藥物取得良好的療效。這十幾年來菌腦腸軸的研究發現，腸道的菌叢竟然會影響高高在上、無菌的大腦，進而操控情緒及腦功能，真是不可思議，這項發現也對精神疾病治療提供另外一個可能的途徑。

開發精神益生菌不只要有研究實力，還需要龐大的人力、財力及運氣。蔡老師以宣教士的使命感上山下海完成這個不可能的任務，建立了千餘株乳酸菌的菌種庫，特別的是大海撈針地從客家福菜找到快樂益生菌（PS128）。目前已經在動物研究及臨床觀察看到快樂益生菌對一些精神疾病的效果，現在正要進行最後一哩路的隨機雙盲安慰劑對照臨床試驗。透過本書，你可以看到科學家

堅持不懈的研究過程，並且對精神益生菌有更精確的了解。

PS128的命名有兩種含義，PS，是psycho-（精神）的縮寫，同時也是基督教聖經詩篇（Psalm）的縮寫。詩篇128篇，是一首充滿福氣的智慧詩，描寫凡敬畏神的人，是一個有福的人，他努力工作，然後享受勞碌成果所帶來的福氣，他家庭和樂，兒女成才。①

願這株快樂益生菌從改變腸道的菌叢，由下而上，帶來快樂情緒，讓更多人從這株分離自福菜的福氣菌，得到祝福。也祝蔡老師開發更多的精神益生菌，而且在這些菌株的基礎及臨床研究，有更深更廣的進展。

① 詩篇128篇1-3節：凡敬畏耶和華、遵行他道的人便為有福！你要吃勞碌得來的；你要享福，事情順利。你妻子在你的內室，好像多結果子的葡萄樹；你兒女圍繞你的桌子，好像橄欖栽子。

醫界、科學界口碑讚譽

益生菌的應用在這幾年廣為被研究，蔡英傑教授長年投身於腸類菌的研究，在本書中他將菌腦腸軸的概念深入淺出地介紹給大家，讓大家了解到腸類菌與神經系統的關係。近年來菌腦腸軸被發現可能與一些精神疾病或是神經發展性疾病，甚至退化性疾病有關，蔡教授的論述可以開啟更多相關的研究，讓更多科學家去釐清這些疾病與菌腦腸軸的真正關係。

李旺祚　臺大兒童醫院小兒神經科主任和教授

隨著前瞻科技的進展，益生菌的產品研發已邁入了第四個世代，國際上的前瞻學者們已聚焦於菌腦腸軸線的神經系統研究，蔡英傑教授的團隊不論在科技研究或產品開發均居於國際領先群的地位；這本書以科普的文辭，帶領大家輕鬆的進入益生菌的迷人世界，探索菌腦腸領域的快樂園地，並享受前瞻科技帶來的快樂成果。

廖啓成　財團法人食品工業發展研究所所長、臺灣食品科學技術學會理事長蔡英傑博士以推廣腸道保健為理念，在研究之餘，始終筆耕不輟，致力將腸道健康知識普及於大眾之間。而這本睽違七年的新作將告訴你我，腸道保健，不但影響你的身體健康，還會影響你的精神健康！蔡教授依其豐富的學術涵養，說明大腦與第二大腦（腹腦）之間的關係，收錄最新科學研究，以及腦腸養護的生活實踐方法，實證與實用兼具。

潘懷宗　陽明大學醫學院藥理教授、臺北市議員

腸道微生物對人體的應用，已從我們所熟知的消化代謝，突破到神經精神領域，舉凡腸躁症、憂鬱症、自閉症等現代人普遍會有的精神問題，都將有益生菌發揮的空間。蔡英傑博士為臺灣腸道權威，所帶領的團隊，研發出的益生菌產品屢獲國際獎項。他將近代學界與個人的研究成果、心得，深入淺出化為科普讀物，介紹大腦、腸道、腸道菌互相連結的機制與證據，帶領讀者，認識「菌腦腸軸」，以及未來醫學，又會因此產生怎樣的變革。

謝明哲　臺北醫學大學保健營養學系名譽教授

蔡英傑教授是我大學時代的導師，為人謙沖，學養俱佳，他從二〇〇六年出版的《你不能沒腸識》，二〇一〇年出版的《腸命百歲》，二〇一二年的《腸命百歲2》，到二〇一九年出版的《腸命百歲3》，宣告「益生菌已經邁入腦腸新世紀」，與我們精神健康息息相關，是兼具科學教育與精神健康推廣的好書，值得推薦給大眾讀者，仔細閱讀其中精華，一定可以有很大的收穫。

簡以嘉　衛生福利部草屯療養院院長、財團法人精神健康基金會首任執行長

影視媒體齊聲說讚

迎向腦腸新世紀，人生彩色不是夢！

林書煒　POP Radio電臺臺長、健康節目主持人

主持健康資訊節目多年，專家醫師在做結論時總是不斷提醒：「預防各種疾病最根本的道理就是調整生活作息、少肉多蔬果、保持運動習慣及擁有愉快的心情！」雖然是老生常談，但健康的基本功其實就是從「管好自己的嘴」開始！尤其近幾年在臺灣，大腸癌的發生率及死亡率每年呈現快速增加的趨勢，如何關心我們體內最大的免疫器官「腸道」，是每位想要擁有健康身心的朋友必須身體力行的功課！

腸道專家、益生菌權威蔡英傑博士從暢銷書《腸命百歲》、《腸命百歲2》後，再度推出新作《腸命百歲3》，我們很驚喜的發現，蔡英傑博士多年研究益生菌，已經突破了只限於腸道保健的應用，在這本新書中蔡博士宣告：「益生菌已經進入腦腸新世紀了！」也就是說，在科學的實證下，益生菌的應用已

不侷限於腸道保健，而是可以藉由從腸道直通大腦的生理軸線，全面影響大腦發育及精神情緒與學習效能！這項科學新發現，對高壓焦躁的現代人來說無疑是大大的福音！

睡不好、情緒低落、焦躁不安、精神不濟是現代人的典型症狀，有時說不上是病，但症狀維持久無法改善，恐怕就會引發身體的全面大反撲造成身心潰堤！

謝謝蔡英傑博士告訴我們，想要擁有身心安頓的平衡狀態可以從改善腸道健康開始！迎向腦腸新世紀，人生彩色不是夢！我們彼此互勉！

主持「健康有方」節目，訪問過許多醫生和健康專家，察覺現代人腸道老化、好壞菌失衡，問題嚴重。蔡教授長期研究益生菌，發現腸道影響情緒和健康甚鉅，養好菌遠離疾病，是值得推薦的養生寶典。

楊月娥　資深媒體人

目錄

※推薦序、語依姓氏筆劃排序

CHAPTER 1

精神健康由腸道思考

CHAPTER 2

認識神經系統

CHAPTER 3

腦腸軸與菌腦腸軸

CHAPTER 4

帶來快樂的精神益生菌

CHAPTER 5

腸道菌與自閉症

CHAPTER 6

腦腸保健基本功

CHAPTER 7

迷思

作者序

益生菌邁入腦腸新世紀

執筆構思撰寫每一本書時，都會先立下這本書要傳達的理念，然後說些激勵人心的話，同時加強自己執筆的動力。

二〇〇六年出版的《你不能沒腸識》，我在自序中講「頑固教授基於知識與信念而來的傻勁與堅持」，當時正開始推動腸道健康公益宣導活動，充分需要傻勁與堅持。

二〇一〇年出版的《腸命百歲》，自序講的是「把健康文化基因傳給下一代」，希望讓腸道保健、全穀雜糧、規律運動、慢活慢食等的健康元素，定殖成風氣習俗，成為可傳承下代的「健康文化基因」，在我們富而好禮的社會，再加上健康與美麗。

二〇一二年的《腸命百歲2》則講「乳酸菌愛好者的心語」，我開宗明義就說要在讀者心裡鑿出一口活井，湧出活水，滙成江河，意思是要讓讀者自自然然成為知識型的益生菌愛好者，懂得分辨是非，而且知行合一，養成習慣，亦是實踐型的愛好者。

轉眼七年後的這本書呢？

這本書目標同樣清楚，就是要宣告：「**益生菌已經邁入腦腸新世紀。**」

益生菌的應用早就不限於腸道保健，甚至超越免疫過敏、代謝調節（減重、糖尿、血壓、血脂等），堂堂進入精神心理領域，也就是我說的「腦腸新世紀」。

在腦腸新世紀裡，大家不再只是因為便祕、消化不良，甚至過敏、感染，而來尋求益生菌的幫助，他們會因為想要緩解憂鬱情緒，多些快樂心情，少些疲勞無奈，讓腦子裡多一些快樂荷爾蒙，工作多些動機衝力等目的，就來敲益生菌的門。當然這類益生菌不是一般益生菌，絕對是大師級，稱為「精神益生菌」（Psychobiotics）的特殊機能益生菌。

在這本書中，我要談腸道菌如何影響神經心理，影響大腦發育，影響憂鬱、自閉、疲勞、記憶、學習……如何在人體構成一個，由丹田（腸道）直通髓海（大腦）的重要生理軸線——菌腦腸軸。因為益生菌直接而且有效地調控腸道菌，透過腸道神經系統，影響中樞神經系統，精神心理領域因此順理成章地，成了益生菌產業兵家必爭之地。接著我還要談我們如何在經濟部學界科專計畫支持下，研發出我個人深深引以為傲的精神益生菌PS128，我喜歡稱之為「快樂菌」。我會讓你瞭解這株菌的特色、功能，以及這株菌將如何快速讓人蒙福受益。

這本書的三個關鍵詞，依序是：菌腦腸軸、精神益生菌，以及PS128。

在序章中，我要舉出：「迎接菌腦腸新世紀」，「對抗壓力荷爾蒙」，以及「我們一定可以迎頭趕上」等三項宣言，拉高本書的願景視野。

第一章談全球精神健康危機，拉抬你的關注度，第二章說明腸道神經系統，為了建立你必要的基礎知識，我必須花篇幅談論深奧的神經系統及腸道神經系統，第三章，我講第二大腦以及腦腸軸，然後帶出「菌腦腸軸」；這是本書的核心，我力求淺顯有趣，會舉許多有趣的研究案例，描繪出這個聯絡五臟六腑，整合十二經脈的重要軸線，說它掌控身體所有重要生理機制也毫不過分，有趣的是，科學家居然到近幾年才發現它的存在，才開始努力摸索它的本質。

第四章我談精神益生菌的崛起，與你分享快樂菌誕生的喜悅，也要讓你了解未來它們將如何成長，第五章我講自閉症，以我們的臨床研究為中心，寫這兩章，我充滿感恩，自由揮灑。快樂菌可以改變大腦多巴胺及血清素，這兩種快樂荷爾蒙在第二章有詳細描述。

第六章我談如何做腦腸保健，其實沒有甚麼妙方秘訣，有的就是在飲食、紓壓、生活習慣上點點滴滴的基本功夫。

第七章是迷思解答，近一年有幾個研究發表在超一流國際期刊，分別質疑益生菌的安全性及功效性，我視為好事，證明益生菌已受到主流科學家重視，而且開始跨出食品，向必須嚴格放大檢視的藥品走。我在第七章中，將為大家解讀這幾項看似負面的研究論文。

在附錄，我邀了兩位PS128長期使用者，寫出他們的內心話。我是科學家，我對我們的快樂益生菌，一步一腳印地做各種動物試驗、臨床試驗，我申請專利、發表論文，但科學家一板一眼的態度，反而會讓讀者抓不到頭緒：「蔡教授，到底PS128能夠為我的親人做什麼？」好，我請來兩位重度使用者，讓他們回答你的問題。

我還邀了邱瑞祥與蔡佳芬兩位精神科醫師，希望他們由精神科專業角度，客觀的評述菌腦腸軸與精神益生菌。

¤ ¤ ¤

在此要感謝幾位朋友，首先要感謝陽明大學郭旭崧校長為這本書寫推薦序，他是第一位回來做陽明校長的校友，會將陽明帶上更高一層，他支持我們的研究，不遺餘力；感謝孔學君教授，她是哈佛大學臨床教授，自閉症研究團隊的主持人，我和她合作一項PS128介入之自閉症兒童臨床試驗；感謝陸清松教授，他是巴金森氏症首屈一指的權威，自林口長庚醫院神經內科主任退休後，開設巴金森氏症專科診所，他與我們正在執行多項巴金森氏症之PS128介入臨床試驗；感謝臺大食科所孫璐西教授，說她是食品界大老，她一定不接受，不過她就是深受食品界尊重欽佩的大老；感謝北榮精神部部主任蔡世仁教授，他也是陽明大學精神學科教授，他講出我內心對PS128的感動。

《樂來越愛你》這部歌舞電影叫好叫座，拿了六項奧斯卡獎，我最喜歡女主角去應徵時唱的那首歌，〈The fools who dream〉，作夢的傻瓜，她說她住巴黎的姑姑有一次光著腳，跳進塞納河，鼻涕流了一整個月，可是她姑姑說，她還想再跳一次。我摘譯了部分歌詞：

「敬那些做夢的傻瓜，敬我們闖下的禍，有些瘋狂是關鍵，能看到新的色彩，所以，盡情叛逆，丟顆石頭，濺起漣漪吧，這就是為什麼世界需要我們。」

這首歌最激起我共鳴的是那句「A bit of madness is key」，有些瘋狂是關鍵。

三十幾年教授，因為做了項感動自己的研究，因為知道自己研發的這幾株菌，推廣出去可以幫助許多人，於是向同事、學生募了資產，創了業，聘了幾十位碩博士，同時啟動十幾項臨床試驗，三年燒掉八成現金，這是需要有一顆帶點瘋狂的心。不過越來越多愛用者的見證，支持著我這愛作夢的傻瓜。有些瘋狂是關鍵，要有點瘋狂，才能看到新的色彩。

各位朋友，當你總是感到壓力、感到煩躁、感到灰暗、感到快撐不住時，看醫生、找諮商、放慢腳步、注意飲食、多些運動、多些社交，努力降低壓力指數，認真地改善自己的精神健康狀況，怎可認輸，自己的人生，自己掌控。

除此之外，這本書還要告訴你，你還必須改善自己的腸道健康，長期下來，會使你的精神健康也獲得改善。

各位朋友，腸道照顧好，百病不來找。我祝福你，活得健康、長久、美麗，活得瀟瀟灑灑、清清爽爽。存著感恩的心，人生真的不錯。

序章

迎接腦腸新世紀

宣言一：迎接菌腦腸新世紀
宣言二：對抗壓力荷爾蒙
宣言三：我們一定可以迎頭趕上

你知道臺灣有多少憂鬱症病患嗎？說來驚人，估計絕對超過百萬。世界衛生組織（ＷＨＯ）將憂鬱症與癌症、愛滋病，並列世紀三大疾病，其中，愛滋病已經不再被認為是絕症，相反的，憂鬱症則加速上升，已經成了所有造成失能疾病的第一名。

其實，憂鬱症只是現代高度壓力社會，較常被拿出來做指標的精神健康問題，困擾更多人的是充滿在日常生活中的疲勞、不快樂、不安全、消沉、失去目標，甚至憤恨、不滿、煩躁等的負面情緒。

如果我說：「這些隨著壓力而來的負面情緒，會嚴重戕害身體健康」，你一定會回答：「當然會，誰不知道，我深受其害。」

如果我再說：「這些隨著壓力而來的負面情緒，和你的腸道大有關係。」你多半也會附和地回答：「多少有關係吧，壓力大了，排便就不順；緊張起來，肚子就絞痛。」

不錯，大家都可以由自己切身的經驗，知道腸道與大腦中間確實有很密切的聯結，醫學統計也顯示憂鬱症患者便祕比例較高，自閉症兒童、巴金森氏症患者，多數都有明顯的腸道發炎現象。其實這就是「腦腸軸」（Gut-brain axis）

的基本認知。

「腦腸軸」概念由來已久，早在三十多年前的一九八一年，就已經在義大利的佛羅倫斯召開第一屆腦腸軸研討會。一九九一年，哥倫比亞大學的傑森（Michael Gershon）教授，就出版名著《第二大腦》（*The second brain*），講述我們的腸道神經系統（第二大腦）是大腦以外最複雜的神經系統，重要的神經傳導物質血清素，居然在腸道中也有，而且腸道血清素的量，竟然占全身血清素總量的九成以上。

不過，腦腸軸卻是在進入二十一世紀，發現腸道菌居然扮演核心角色以後，才豁然開朗，大鳴大放，腦腸軸順理成章地擴大成「菌腦腸軸」（Microbiota-gut-brain axis），現在雖然有時候還是習慣性地講成較順口的「腦腸軸」，其實內容十足就是「菌腦腸軸」，不談腸道菌，故事根本講不下去。

「菌腦腸軸」確實是這七八年才崛起的醫學新概念、新名詞，結合了「腸道菌」及「腦腸軸」兩項研究主幹，開啟益生菌在神經精神領域的廣大應用。

過去在談腦腸軸時，主要談腸神經系統如何控制腸道消化機能，以及與功能性腸胃疾病的關聯。但是，菌腦腸軸講的是腸道菌如何經由腸道免疫系統、腸道神經系統，影響中樞神經機能；反過來，中樞神經亦會經由同樣的路徑，影響腸道菌的平衡。

「腦腸軸」只關係到腸胃疾病，但是當腸道菌介入成「菌腦腸軸」後，一下就將打擊面擴大到憂鬱、自閉、疲勞等神經精神，甚至認知的領域。而且，因為益生菌是調控腸道菌最直接有效的手段，所以菌腦腸軸同時也將益生菌的運用範圍，擴大到神經精神領域。

〈圖一〉是我將主要的益生菌保健功效，依開發年代，簡要的分成腸道功能、免疫功能、代謝功能、神經精神功能等四個階段，非常主觀，如益生菌在口腔、皮膚、肌肉、骨骼等的運用，都沒有納入。

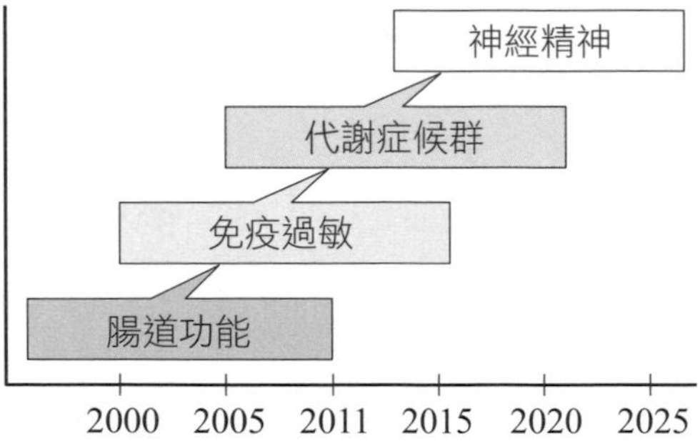

・圖一　益生菌保健功能開發年代

橫軸的年代可大致看出該功能的開發年代，例如二〇〇〇年至二〇一五年左右，是益生菌免疫過敏功能的研發高峰，代謝功能則是從二〇〇五年延伸到二〇二〇年，神經精神則要再晚五年。

益生菌在神經精神領域的研發雖然比代謝功能起步晚，但是在產品開發上，因為紓壓樂活的市場太龐大，我認為絕對會比後者更快落實，一定會更快進入對數成長期。

在這裡，我要舉出以下三項宣告，為本書揭開序幕。

宣言一：迎接菌腦腸新世紀

益生菌邁入腦腸新世紀，
心靈健康由腸道做起，
精神益生菌，讓我們輕鬆自在，但又鬥志昂揚。

不是廣告宣傳語，是立基於科學實證的強力宣言。也許會惹惱一些較保守的科學家、教授、醫生，認為：「還沒有臨床實驗，活性機制說不清楚。」但是親愛的讀者，這已經是每年有數百篇紮實論文發表的領域，沒有企業會對已經在檯面下激烈廝殺競爭的腦腸市場，採取保守漸進策略。親愛的讀者，當你在讀這本書的時候，歐美日已經有大企業在為他們的腦腸益生菌產品布局宣傳。當你在讀這本書的時候，請你切切為我們研發團隊祝福，蔡老師相信這是我們臺灣益生菌產業進軍國際，前所未有的最佳機會。

宣言二：對抗壓力荷爾蒙

憂鬱症與癌症、愛滋病並列本世紀三大疾病。
壓力荷爾蒙公認是公眾健康頭號大敵，
精神益生菌將是現代壓力社會的天賜甘霖。

當壓力臨頭時，血液中的壓力荷爾蒙——皮質醇濃度會急遽上升，啟動「戰鬥或逃跑」之保護機制。

科學研究證實，皮質醇濃度長期升高，會干擾記憶學習、降低免疫活性、降低骨質密度，導致體重上升、血壓上升、心血管病變、憂鬱，各種精神疾病等等，所以，皮質醇在現代高壓社會被視為「公眾健康頭號大敵」。

親愛的讀者，不用我強調你也不難想像，能有效降低血液皮質醇濃度的精神益生菌，真將是壓力指數超高的現代人的健康福音。

蔡老師相信，精神益生菌將打開由腸道提升神經精神健康的康莊大道，壓力激發潛能，不需要減少壓力，不需要逃避壓力，精神益生菌幫助我們與壓力友善共處。

宣言二：我們一定可以迎頭趕上

我國益生菌產業技術基礎雄厚，
我們在精神益生菌研發起步甚早，
相關研究推廣已經展開國際布局。

我向來對我國益生菌發酵產業非常自豪，發酵技術原本就是我國的強項，只要能夠打開國際市場，生產規模擴大，競爭力絕對一流。可惜自有菌株的開發始終落後一步，不易打開國際市場。

我們很早就感知精神心理領域將是益生菌下一波高潮，對社會的衝擊強度將遠勝於免疫過敏及代謝調控。二〇一二年，我們在經濟部學界科專計畫支持下，建立強大研究團隊，全力衝刺，終於在二〇一四年提出第一株精神益生菌PS128的專利申請，而且在眾多陽明師生支持下，成立公司，開始積極進行臨床試驗以及市場推廣。並且已經獲得歐盟、日本、臺灣、美國、中國、韓國等二十餘國專利，我們還將陸續提出多株精神益生菌的各國專利申請，市場可能走到哪裡，專利就會布到哪裡。

我很喜歡一句英文勵志語：「How determined are you to win your race?」你有多想要贏得這場比賽？你的決心，你的信心有多強？我相信，我們一定可以迎頭趕上。

CHAPTER

1

精神健康由腸道思考

一、臺灣經濟發展的代價是全民憂鬱

二、全球精神健康危機

三、精神健康：由腸道思考

現代人精神健康狀況不佳的比例太高，經常感到有壓力、倦怠，經常睡不好，工作效率低迷，求助於醫生，也檢查不出個所以然，醫生也只能開些藥打發。

雖然我總是說生命就是要有壓力，壓力越大，越能激發潛能，工作效率越高。可是當壓力超過一個水準時，不但工作效率急遽下降，許多重要生理指標，如免疫系統、記憶力等，都開始惡化。

適度的壓力是動力，過了度，就是殺手。

你真心想積極面對自己的精神健康、真心想駕馭自己的壓力，化壓力為動力，很好，我要告訴你，除了放慢腳步、多些運動、多些社交，甚至積極看醫生、找諮商，還可以先從自**己的腸道保健做起，先從照顧自己的腸道菌做**

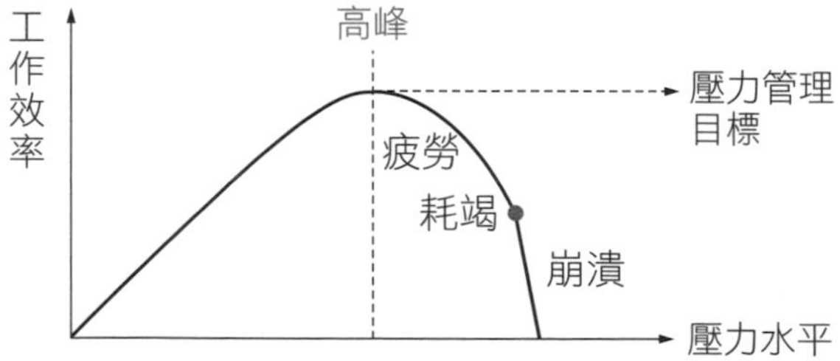

· 圖二　壓力與工作效率的關係

起。我這麼說，絕非閉門造車，是有許多最新醫學研究佐證的。

一、臺灣經濟發展的代價是全民憂鬱

前一陣子在醫學頂尖期刊《刺胳針》（*Lancet*）看到一篇由劍橋大學史塔勒克（Stuckler）教授執筆的評論文章，題目是〈國家的進步：我們可以由臺灣學到什麼？〉（The progress of nations: what we can learn from Taiwan）[1]太棒、太有趣的題目了，居然在《刺胳針》上稱讚臺灣，在這全民士氣低迷的時代，更是激發起我做為臺灣人的自豪。

這篇評論細數臺灣由一九六〇年代在經濟、政治上所獲得的成就，如何成功由一黨專制轉型為多黨民主，如何度過多次全球經濟危機，還建立起全民健保制度，然後筆鋒一轉，竟然開始說臺灣經濟奇蹟的代價是逐年惡化的國民精神健康，原來這篇文章是評論中研院鄭泰安博士分析臺灣「一般精神障礙」（common mental disorder, CMD）盛行率的一篇論文[2]。

①「華人生活壓力量表」，只有簡單的十二題，前五題問頭痛、心悸、胸悶、睡眠、手腳發麻等症狀，後七題問親友相處狀況、是否會覺得對自己失去信心、感到緊張不安？是否對未來充滿希望、為家人或親友感到擔憂等心理問題。

鄭博士團隊由一九九〇年到二〇一〇年的二十年間，以同一份問卷（CHQ-12）①，每隔五年，調查九千多位民眾的精神健康，發現臺灣人的一般精神障礙盛行率在這二十年間，足足增加一倍，由一九九〇年的百分之十一點五，上升到二〇一〇年的百分之二十三點八。

女性的盛行率遠高於男性，但是男士們也別高興得太早，男士的自殺率卻是女士的一倍有多。鄭博士特別強調生活上的不確定性（如失業率、

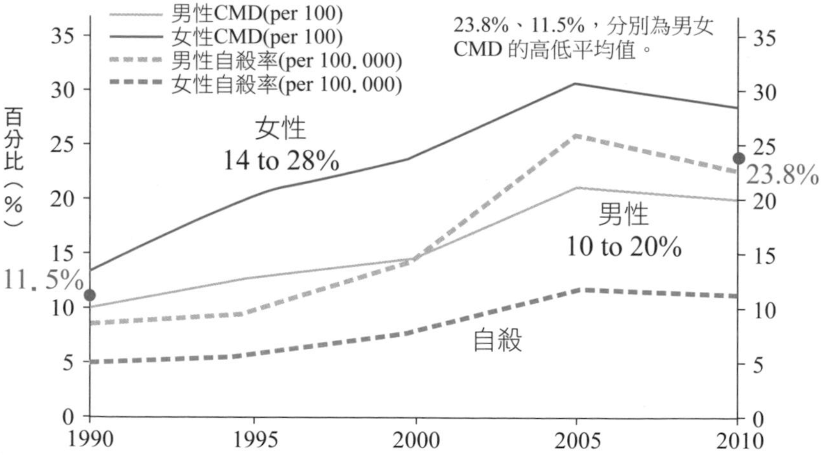

· 圖三　**臺灣一般精神障礙罹患趨勢變化**
橫斷面研究時間跨度20年
CMD：一般精神障礙

失婚），是影響精神健康的主要因素。

史塔勒克教授寫的評論則完全由不同角度切進，他說這篇論文適時的點出，所謂的國家進步或綜合國力指數意義在哪裡，國家為什麼要「進步」、為什麼要「發展」，國家發展所獲得的動力能否增進人民的幸福感、安全感或安定感，增進生活與工作的良好平衡；或者反而使全民精神健康大幅衰退。

百分之二十三點八，意思是兩千四百萬的臺灣人，有五百七十萬人是有精神障礙。所以，精神障礙太普遍了，沒什麼了不起，積極面對就好，我自己就是超級嚴重的ＡＤＨＤ（注意力不足過動症）。

鄭博士強調這張量表是調查一般精神障礙比率，而非神經或精神疾病。因此，我將mental disorders翻成「精神障礙」，以免讀者誤解為思覺失調、自閉症等較嚴重的神經或精神疾病。這裡的精神障礙，在講的是我們這些每天承受過多壓力，導致失去工作動力，成天悶悶不樂的人。

就像下一節會說明ＷＨＯ對精神健康（mental health）所下的定義，並不僅限於各種神經精神疾病，而是指廣義的精神心理狀況，是你我都可能面對的問題，所以請大家不要誤解了。

如今，憂鬱症已被ＷＨＯ與癌症、愛滋病並列為新世紀三大疾病，其中，愛滋病已經不再被認為是絕症，相反的，憂鬱症則加速上升，已經成了所有造成失能疾病的第一名，憂鬱影響層面最大，最容易激起民眾共鳴。

世界衛生組織預估到二〇二〇年，全球十大「疾病與傷害」當中，憂鬱症將排名第二，僅次於冠狀動脈心臟病。世界各國的研究指出，憂鬱症和焦慮症多見於女性、失業、單身、低教育程度或身體健康不佳的族群。此外，大環境中的經濟不穩定和收入不均，也常被認為會提高常見精神疾病的風險。

憂鬱症被喻為心靈感冒，有時真的就像感冒一樣，不須要治療，時間久了也會好，可是又會重新再得到。但是憂鬱症比感冒嚴重的多了。基本上平均一個憂鬱期約在六～十三個月，若是不治療，患者在這段時期會非常難過，快樂不起來，難以維持正常功能，甚至想不開而有自殘行為。如果經過妥善治療，憂鬱症狀改善了，生活又會再度恢復光彩。

臺灣有多少憂鬱症患者呢？估計全臺灣憂鬱人口超過百萬，在臺灣每年造成超過三百五十億元臺幣的經濟損失。

說來驚人，單是重度憂鬱症，在十五歲以上民眾中就有百分之五點二，女性比例是男性的一點八倍。由年齡層來看，六十五歲以上的老年憂鬱以百分之八點四重度憂鬱居冠，其次竟然是十五到十七歲的青少年！重度憂鬱的青少年比例竟然高達百分之六點八。

我想大家都有同感，現在的臺灣真是處於全民憂鬱的時代，老人憂鬱、婦女憂鬱、更年期憂鬱、產後憂鬱、青少年憂鬱、兒童憂鬱、上班族憂鬱、中年憂鬱，連寵物憂鬱也不容忽視。

二、全球精神健康危機

WHO從九〇年代就開始呼籲要認真面對全球精神健康危機，而且在二〇〇八年，啟動「精神健康補破網行動計畫」（Mental Health Gap Action Programe, mhGAP）。

WHO不斷地強調推動精神健康最大的困難，就是許多人不願面對自己的精神問題。我非常喜歡mhGAP的一句標語：「補起破口，勇於關懷」（Close the gap, dare to care）。勇於關懷，不只是關懷別人，更重要的是要勇於關懷自己。

精神健康狀況實實在在是個全球危機，影響的層面非常廣，所謂的「疾病負擔」（burden of disease）就是指特定疾病對國家社會所帶來的損失或代價，經常用來呈現疾病負擔程度的「傷殘調整壽命年」（disability adjusted life years, DALYs），是指從發病到死亡所損失的全部健康壽命年數。依照美國及加拿大的統計，精神疾病的DALYs占所有疾病總DALYs的百分之二十八點五，竟然是心血管疾病（十三點九），惡性腫瘤（十二點六）的一倍以上。

怎麼可能，明明我們身邊的癌症病人遠遠多於精神病人，不過你想想，哪個精神病患本人或家屬會希望別人知道，畢竟精神疾病不像癌症那樣，總是激發他人的同情，所以會讓我們有精神疾病不如癌症嚴重的假象。更重要的是，精神疾病發病年齡非常的低，病期非常長，心血管疾病或癌症發病年齡大了許多，病期相對短了許多，「疾病負擔」當然就較低。看了〈圖四〉，你可以理解，為什麼ＷＨＯ大聲疾呼各國政府要重視精神健康，要投入更多醫療資源。

講疾病負擔，講DALYs，或許會讓你誤會，認為ＷＨＯ講的精神健康僅限於憂鬱症、思覺失調症等「疾病」，其實ＷＨＯ將所謂的「精神健康」層次拉得極高。

WHO對精神健康所下的定義是指「知道自己的能力，能夠應付正常的生活壓力，能夠有效率的工作，而且對社會有所貢獻」。在這個定義下，一個精神健康的人能夠思考，表達感情，與別人溝通合作，工作營生，而且享受生活。沒錯，WHO積極呼籲各國要重視的「全球精神健康危機」，不僅限於憂鬱症或者思覺失調症等「疾病」，所謂的「精神健康」要廣義到指疲勞、不快樂、壓力、失去目標等整體的精神狀況，就像我們講生活品質，不是只指生不生病、健不健康。

其實我最喜歡的「精神健康」定義是加拿大成癮與精神健康中心（Centre for

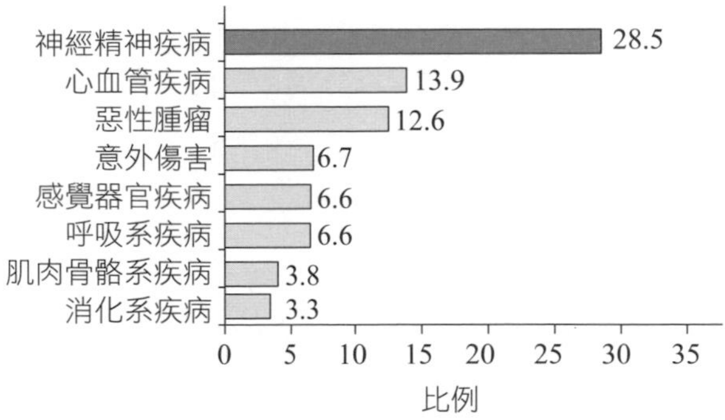

・圖四　各種疾病之DALYs占總DALYs的比例（美加）

Addiction and Mental Health, CAMH）所提出：

「精神健康是指在身體、心理、情感及精神等方面達到的平衡狀態。它表明的是你享受生活和應對挑戰的一種能力，表現在做出選擇、應對和處理困難處境及談論需求和欲望等方面。」

哇！哈利路亞！太棒的定義了。精神健康指「享受生活」的能力、「應對挑戰」的能力、「面對困難」時的態度，甚至擴大到需求欲望的價值觀，人生哲學的層面。所以，精神健康是「身心靈」的平衡狀態。也許你認為應該只限於「心」的平衡，但身心真是一體的，身體健康狀態一定會影響心理健康，很多心理問題其實源自於生理問題。

WHO近年推動精神健康不遺餘力，在二〇一三年通過一項計畫，「二〇一三至二〇二〇精神健康行動計畫」，要求所有會員國必須採取行動，共同投入完成WHO所制訂的全球目標。WHO的大策略是希望打造一個社會環境，讓每一個生活在其中的個人，當然包括各個弱勢族群，更容易追求自己的精神健康，也讓已經陷入精神障礙麻煩的人，得到更好的照護，更有機會回復正常生活。

WHO向各國政府施壓，這本書則是對每一位讀者個人發聲。

三、精神健康：由腸道思考

二〇一五年二月，著名科技評論作家查爾斯・施密特（Charles Schmidt）在《自然》（*Nature*）期刊上登了一篇文章，題目是〈精神健康，由腸道思考〉（Mental health: Thinking from the gut）[3]。

施密特先生整理近兩年腸道菌與精神心理的相關研究，然後下了這個鏗鏘有力的標題，副題則是「精神益生菌（Psychobiotics）可以治療焦慮、抑鬱、以及各種情緒障礙」。

「精神健康由腸道思考」的概念可追溯到十九世紀，當時科學家們認為腸道中累積的廢物會引起「自體中毒」，造成腸道感染，並引起抑鬱、焦慮等精神疾病，所以當時流行替憂鬱症患者洗腸，或施行大腸切除手術。

二十世紀初，法國巴斯德研究所的梅契尼可夫教授②同樣認為，腸道中累

② 梅契尼可夫（Elie Metchnikoff，1845－1916）：俄國微生物學家與免疫學家，免疫系統研究的先驅者之一。因發現乳酸菌對人體的益處，又被稱為「乳酸菌之父」。

積的毒素是造成老化的重要因素，他提出天天吃優酪乳，補充益生菌改善腸道環境的對策，比洗腸截腸高明許多。

自體中毒的理論後來逐漸被主流醫學所排斥，但是梅契尼可夫教授的益生菌理論，卻在歐洲及日本繼續發揚光大，日本養樂多創社超過八十年，每天在全世界三十八國銷售出三千五百萬瓶養樂多。

梅契尼可夫教授早期是以免疫學研究獲得諾貝爾獎（一九〇八年醫學獎），然後才開始投入老化研究，提出「腸內腐敗產生毒素是老化的主要原因」，還說益生菌可讓人「優雅的老化」，當時他甚至已經提出慢性發炎與動脈硬化相關的概念，你要知道，那是二十世紀初期，一百年前的事，還在現代醫學的啟蒙期，如此高瞻遠矚，怪不得他被稱作來自俄國的天才科學家。

二〇一三年，美國的洛根（Logan）博士發表一篇長達四十三頁的論文，題目是《腸道菌、益生菌，與精神健康：由梅契尼可夫到現代進展》[4]，美國馬里蘭大學的馬克科維客（Mackowiak）教授也同樣在二〇一三年發表論文，題為：《回收梅契尼可夫：益生菌、腸道菌，及長壽探索》[5]。

好像突然間，大家又開始高談梅契尼可夫和他的腸道腐敗，腸道毒素以及益生菌理論了，這兩篇論文都由梅契尼可夫談起，前一篇講益生菌、腸道菌和精神健康，後一篇講益生菌、腸道菌和長壽。

已經被拋棄到垃圾場，將近百年的腸道腐敗毒素論，不但被回收，而且還打光上漆，運用到免疫、代謝、精神心理、老化、長壽等等，在幾乎所有現代人所重視的健康問題上，發揚光大。

〈精神健康，由腸道思考〉，站在科學研究頂峰的《自然》期刊會在這個時機點，刊出這篇文章，基本上是反映菌腦腸軸及精神益生菌研究近三年的快速進展，強而有力地指出未來的發展趨勢：由預防醫學，營養保健的觀點來論事——要有良好的精神健康，就是必須要有良好的腸道健康。

・梅契尼可夫被尊稱為乳酸菌之父

¤ ¤ ¤

美國的一位精神科名醫蓋伊・溫奇（Guy Winch），在TED Talk上談到，一個還不會綁鞋帶的五歲小孩割傷手，知道去找ＯＫ繃來貼，預防傷口感染；知道每天早晚刷兩次牙，保持口腔衛生；我們感冒了，知道拿捏該看醫生或吞顆成藥。但當我們精神低沉了好幾個星期，睡眠品質非常差，總是疲倦、沒勁，我們卻不知道必須做些適當措施。

溫奇醫生說：「我們重視身體健康，卻忽視精神健康，我們應該嚴肅的面對自己精神上的任何徵兆。」白話些說就是，我們知道要積極保健身體，做運動，吃一堆保健食品，定期做健檢，也應該知道要用同樣積極的態度，來保健自己的精神心理健康。

這本書的核心是要談精神益生菌，我喜歡稱之為快樂菌，我努力推廣精神益生菌的用心，和溫奇醫生的呼籲完全相通；**用積極的態度，重視精神心理健康**，精神益生菌是精神保健的有效工具，舒緩我們的壓力，釋放我們的心懷。

CHAPTER

2

認識神經系統

本章希望建立讀者們的基礎知識，讓大家對我們的神經系統有所認識。我們的神經系統是非常有趣的，幾十年前，在填大學聯考志願時，我曾經一心一意想進心理系，為的就是想知道為什麼人會思考，會愛恨，更幻想能摸索與造物主的溝通模式。

一、神經系統的基本單位：神經元與神經膠細胞

神經元（neuron cell）和神經膠細胞（glial cell）是所有神經的基礎單位。像成人的大腦就包含上千億的神經元，和數以兆計的神經膠細胞。

神經元外觀非常獨特，由細胞本體四射出許多觸手，像放電似的傳輸訊息。觸手有兩種，長長的「軸突」，以及像樹枝般，有許多分支的「樹突」。樹突負責接收各方傳來的訊息；在細胞本體統整後，再沿著長長的軸突以電脈衝的形式傳到軸突末端，然後轉傳給下一個神經元的樹突，接力般地向下傳遞訊息。

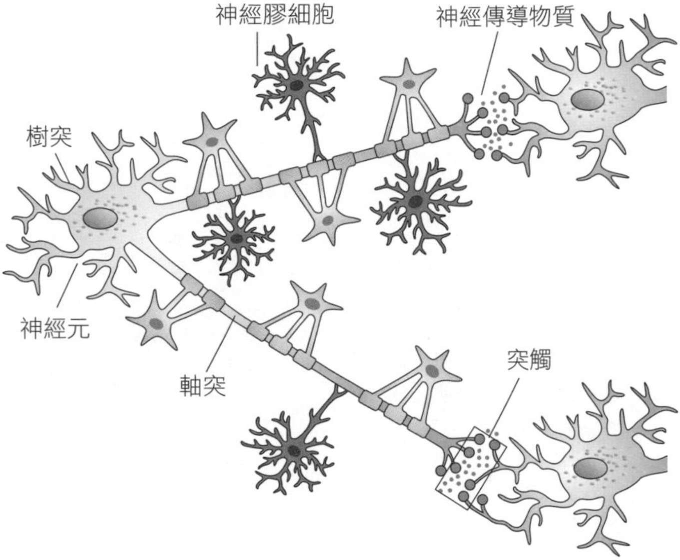

· 圖五　神經元與神經膠細胞

第一個神經元的軸突和下一個神經元的樹突間，並不是直接接觸，而是隔了一個稱為突觸的狹縫。當神經訊號傳送到軸突末端，會釋放出各種神經傳導物質，經過突觸，擴散傳到下一個神經細胞的樹突，引發神經傳導，繼續向下傳送。

在大腦中，每一個神經元可能都和成千上萬的其他神經元形成突觸，相互連結成綿密的神經網絡。例如，我們的大腦估計有超過一千億個神經元，互相形成大約有一夸特（quadrillion）或說一千兆個突觸。天啊，實在超乎想像的複雜。

神經膠細胞數目還比神經元多上十倍，它們沒有美麗的觸手，它們不會放電（產生神經傳導），所以過去一直被認為只是像膠水般，把神經元膠合在一起的跑龍套，頂多提供養分，維持周遭環境恆定。但最近的研究卻逐漸發現神經膠細胞才真是多才多藝，它們在神經生理上的重要性，可能不亞於神經元。這下有趣了，對科學家而言，數目上兆的神經膠細胞可以開啟多麼神妙廣大的世界。

愛因斯坦的大腦

愛因斯坦是公認的天才，加州大學的戴蒙教授（Marian Diamond）曾經研究愛因斯坦的大腦切片，結果發現神經元的數目或大小並沒有什麼異常，但是，負責高層次認知功能的皮質區中，的確觀察到有較多量的神經膠細胞，比例遠高於一般人。這個觀察（我不願意稱之為發現）也許意義不大，但確實能吸引科學家去重新探討這些膠細胞的角色。

二、神經系統的層次與分工

神經元與神經膠細胞必須組成層次分明的神經網路，有系統地收集傳送情報，整理分析，送出指揮號令，才能因應外界環境變化，適時做出適當的反應。

我們的神經系統分為由大腦及脊髓所組成的「中樞神經系統」，以及由中樞神經延展出去，遍布到全身各組織器官的「周邊神經系統」。

1. 中樞神經系統

大腦當然就是整體神經系統的控制中心，有思考、分析與記憶的能力，彷彿就是「自我」的呈現，不幸被判定腦死，就代表自我消失了。

成年人的大腦平均重約一點三公斤，由上千億個神經細胞所組成。大腦的新陳代謝非常活躍，重量雖然只占體重的約百分之二，卻要消耗掉百分之二十以上的身體耗氧量。所以，如果腦部缺氧超過四分鐘左右，腦細胞就會受到永久性的傷害，可能導致如：腦中風、腦溢血，後遺症為半身不遂、植物人等，都令人聞之色變。

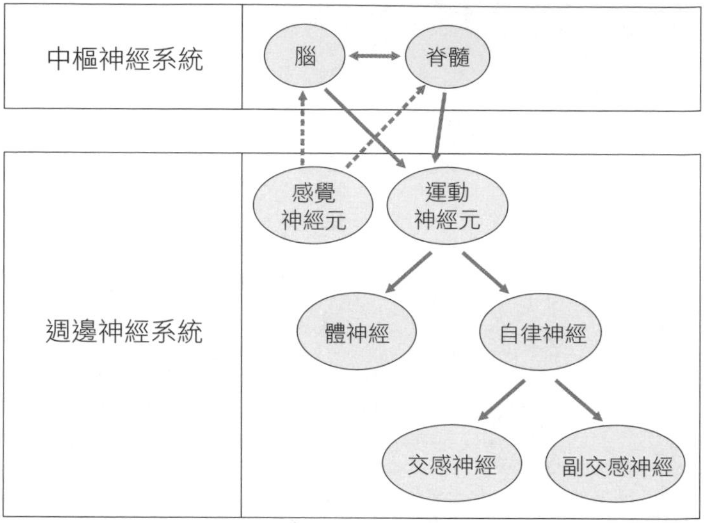

・圖六　神經系統的層次

脊髓由大腦延伸下來，外圍有堅硬的脊椎骨保護及支撐。脊髓和大腦同樣脆弱，一旦因為車禍等事故受傷的話，大腦的指令送不下去，四肢的感覺送不上來，就會造成癱瘓。

2.周邊神經系統

周邊神經系統又分為「感覺神經」、「運動神經」，以及「混合神經」。

・**感覺神經**：分別由大腦及脊髓，伸展到身體各組織器官，將感官收集到的訊息，傳給中樞神經。

・**運動神經**：將中樞神經指令，傳出給外圍器官組織。

・**混合神經**：傳入傳出都有。

例如，視神經是傳送視覺的感覺神經，動眼神經就是傳送指令，指揮眼球動作的運動神經，而迷走神經則是有入有出的混合神經，將食道、腸胃、心臟等的感覺傳入中樞神經，也送出指令，調控這些內臟的活動。

運動神經系統又再分為「體神經」以及「自律神經」。

・**體神經**：負責操控所有能夠被我們自主意志控制的動作，如：吞嚥、呼吸、眨眼，舉手抬足等等，舉凡我們想要去做，就能去做的事情，都是由體神經系統操控。

・**自律神經**：不受自主意志所控制，顧名思義，真的是自己玩自己的，自主性地調控內臟平滑肌運動，內分泌腺體分泌激素等生理機能。舉凡心臟的節律、血壓和體溫的調節，腸道的蠕動，瞳孔隨明暗而收放，都是靠自律神經系統完成，都與意識判斷無關。不論是睡著醒著，大腦都不必去照顧這些內臟活動，我們大部分時間都不能察覺自律神經的運作。

自律神經又可進一步細分為「交感神經」以及「副交感神經」。如果你記不得以上說的各種名詞，請你至少記得交感和副交感神經。

．**交感神經**：負責面臨壓力時的「戰鬥或逃跑」反應，讓我們緊張焦躁、瞳孔放大、心跳加快、血壓上升、血糖增加，全身處於戰備狀態，對處理緊急狀態無直接關係的消化作用，反而受到抑制。

．**副交感神經**：與交感神經相反，副交感神經則讓我們放鬆平靜、瞳孔縮小、心跳變慢、血壓降低，全身處於安逸狀態。

副交感神經活性占優勢時，有利於營養物質的消化吸收和能量補充，具體來說，就是消化液分泌，以及腸道蠕動，都很協調、順利。

但是當環境不佳，或劇烈運動時，交感神經的活動加強，動員身體許多器官的潛力，來應付外環境的急遽變化。維持體內環境的相對穩定，和緊急反應無關的一些機能，暫時都被關閉。於是會口乾舌燥，因為唾液停止分泌；或者手腳冰冷，因為末梢血管緊縮，血液被送到更需要的地方。

其實幾乎每個器官都同時有交感與副交感神經介入，如果交感神經是油門，副交感神經就是剎車，各司其職，相互協調。可是在你想像不到的時候，又需要交感和副交感好好合作，例如需要副交感神經強些，血液才能灌入海綿體，但又需要交感神經好好加油，精液才能射出。

當你的自律神經經常保持平衡，自然頭腦清晰、體力充沛。可惜現代人工作壓力不斷增加、工作時間不斷延長、休閒生活不斷減少，交感神經系統過度激化，副交感神經過度抑制，於是出現胸悶、心悸、肩頸酸痛、頭暈、便祕、失眠、煩躁、沮喪等各種症狀，這就叫做自律神經失調，最好快快尋求專業診斷治療。

三、神經傳導物質

神經元如何與神經元相互溝通，神經元又如何與實際做事的肌肉或腺體溝通？

溝通都發生在神經元軸突頂端，與要接受神經訊息的下一個細胞間，稱做「突觸」的小小溝通空間，透過許多種稱為「神經傳導物質」的化學物質進行。

我們的神經細胞個個都是溝通大師，神經傳導物質就是溝通語言，單單在大腦中就發現百種左右的傳導物質，耳熟能詳的有乙醯膽鹼、多巴胺、血清素、胺基丁酸（GABA）、正腎上腺素、一氧化氮、褪黑激素、腦內啡等，這些物質在神經、肌肉和感覺系統的各個角落都有分布，是正常生理功能的重要一環。

遍布全身的神經系統，就是利用這些神經傳導物質指揮如：心跳、呼吸、消化等身體的各種反應，影響睡眠、情緒、食欲等，當然它們失控時，也會引發各種副作用。據美國統計，百分之八十六的美國人因為壓力、飲食失調、藥物、酒精等，導致神經傳導物質不足或過高。

神經傳導物質分為興奮型及抑制型，興奮型活化神經，抑制型則使神經冷靜，保持平衡。腦與脊髓中最常見的興奮型傳導物質居然是廚房常見的麩胺酸（味精），腎上腺素也是興奮型，血清素、GABA為抑制型，多巴胺則是既興奮也抑制。

血清素和多巴胺同樣都是重要的神經傳導因子，也同樣都被稱做是大腦快樂荷爾蒙，但二者所引發的快樂感覺卻大不相同。多巴胺點燃鬥志；血清素是

味精是否真的有害？

麩胺酸是用於製造蛋白質的二十種基本胺基酸之一，也是料理常用的味精的主成分，是大腦中重要的興奮性神經傳導物質，會加速神經傳導，可以讓腦部，尤其是負責思考的額葉興奮，所以其實麩胺酸被認為可以活化大腦，是學習與記憶的重要化學基礎。但一般人認為味精吃多了，會使腦部空洞化，引致中國餐館症候群，網路上亦充斥了味精的負面訊息，其實中國餐館症候群，早在幾十年前就被證明和味精無關。

禪學大師，帶來平靜安寧。

在我們研究室的各種老鼠模式中，餵食PS系列的精神益生菌（PS128、PS23等）時，不論在哪一種老鼠疾病模式（憂鬱鼠、腸躁鼠、巴金森氏鼠等），通常都會看到特定腦區的多巴胺或血清素濃度有明顯變化。

多巴胺、血清素和精神心理關係太大，接下來會特別詳細說明。

四、多巴胺：點燃鬥志，創造欲望

要如何形容多巴胺呢？

多巴胺是愛情、是欲望、是思念、是動機、是專注、是激情、是鬥志、是上癮；我們愛吃甜食、愛冒險，愛人愛得不可自拔；我們的菸癮、酒癮、毒癮；自閉症、好動症、巴金森氏症、失智症、統合失調症，好像都可以怪罪給多巴胺。

多巴胺被稱為是人類進化的推進器。大腦中樞分泌大量多巴胺時，可令我們展現創造力，如果你看到一隻會畫圖的猴子，你可以確定這隻猴子的大腦內，必定分泌大量的多巴胺。愛因斯坦、畢卡索、莫札特與愛迪生等天才，多巴胺水準相信都很高，使他們的生活充滿活力與感動，創造力無窮。但腦內長期過度分泌多巴胺，卻是造成過勞死或英年早逝的重要原因，當多巴胺高到無法控制時，思念源源不絕，導致現實與幻想不分，就成了思覺失調症，俗稱精神分裂病。

這就是多巴胺，愛、鬥志、與創造力的源頭。蔡老師，你會不會把多巴胺講得太神奇？一點也不會，還不僅止於此，你知道多巴胺在醫院常被用來急救快休克的病人嗎？你知道多巴胺和腎功能及血壓調節也有關嗎？

多巴胺的合成與訊息傳遞

大腦上千億神經元中，只有約幾十萬個神經元會分泌多巴胺，這些多巴胺神經元大多數集中在大腦中心部位，稱為「黑質」及「腹側被蓋區」的兩個區域。這兩個區域的多巴胺神經元，伸出長長的軸突，由軸突頂端分泌出多巴胺，再由帶有多巴胺接受器的下一個神經元接受訊號，向下傳遞。

1. 黑質

黑質的多巴胺神經元，會將訊號傳遞到不遠處的紋狀體，這裡是控制運動的重要區域。大多數巴金森氏症病患的黑質因為種種因素，逐漸退化，多巴胺分泌量逐漸降低，使得紋狀體無法去調節皮質、視丘等大腦運動區，顯現出來的就是巴金森氏症的運動障礙。

你看到一位智能完全正常的病友，手指顫抖、動作遲緩、小碎步地走路，就是大腦深處那一小群製造多巴胺的黑質細胞，受到莫名的傷害，製造不出足夠的

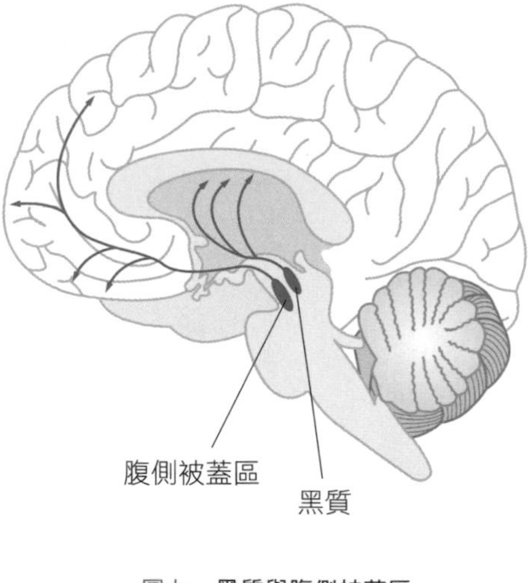

· 圖七　**黑質與腹側被蓋區**

多巴胺，無法推動紋狀體的運作，讓這位朋友失去原有的優雅。醫生能夠做的就是開些左旋多巴給他，多巴能進入大腦，轉變成多巴胺，總是多少補充一些。

2. 腹側被蓋區

腹側被蓋區的多巴胺神經元，則將訊號分別傳遞到大腦邊緣系統的前額葉以及伏隔核。

伏隔核是大腦主要負責獎勵系統的區域，常被稱為快樂中樞，會針對諸如食物，愛情，性欲，毒品等刺激，激發快樂幸福感，促使人們做出追求獎勵的行為。如果給幼鼠吃興奮劑，會對伏隔核造成永久性傷害，這些老鼠成年後，外觀行為正常，但是卻成天懶洋洋地，遇到威脅也沒動力逃跑。但如果我們總是提不起勁讀書，不要一直怪罪伏隔核，只要你強迫自己開始行動，就會刺激伏隔核，一而再，再而三，習慣就開始被養成，只要一讀書，伏隔核就興奮起來。

前額葉則是我們人格的所在，是大腦掌控計畫、動機、責任、分析、思考等高階區域，也是心智控制中樞，能抑制不恰當的想法和行為，面對障礙時，具有改變計畫的能力，其正常運作對於學習、激勵和認知過程至關重要。

前額葉要到兩到三歲才開始發育，二十歲才發育完全。年少輕狂，多半是因為前額葉尚未成熟，多巴胺太高；老年人容易被騙，則有可能是因為前額葉老化，多巴胺不足。

注意力不足過動症（ADHD）者也可能是多巴胺偏低，前額葉活動不足，無法傳送抑制訊號給別的腦區，所以容易受干擾而分心。這種人對於規律例行性的日常事物，越努力效果越糟，越想專心，前額葉活動反而降低，但對新奇刺激的事物，就興致高揚，樂而不疲。

獎勵與動機

多巴胺是腦中特別與情緒有關的一種神經傳導物質，它會刺激大腦的獎勵系統，引起愉悅感，常與血清素共稱為快樂因子。但是，多巴胺誘發的愉悅，絕不是單純的快樂。

我們大腦中主要的獎勵中心是「中腦邊緣多巴胺系統」。這個多巴胺系統控制追求生存基本需求的本能——食色性也，追求食物，為了生存，追求交配，為了傳宗接代，我要（I want），我就是要。這個系統非常古老，低等如螻蟻蠕蟲都有，螻蟻尚且貪生，活下去，是最大的獎勵。

這個獎勵系統越演化越發達，人類更是超群拔萃，人類獎勵系統的目標設定，早已遠遠超出生存基本食色需求，管得更多，影響更大。

顧名思義，獎勵系統就是達到目標，獲得獎勵，帶來喜樂滿足。當我們思考獎勵系統時，不要只停在獲得獎勵時的愉悅，要想到和獲得獎勵的過程相關的動機、積極，專注與自我滿足。

多巴胺在這個獎勵系統中的真正功效是激發動機，創造渴望，激勵我們去獲得，或去避開些什麼。康乃狄克大學的行為神經學家薩拉蒙（John Salamone）教授，形容多巴胺還參與投資報酬率的分析。他讓老鼠面對一倍及兩倍量的食物堆，兩倍量食物前面有個小屏障，低多巴胺的老鼠想都不想，直接去吃沒屏障的小堆食物，高多巴胺鼠會設法越過屏障，獲取更多的食物。[1]

多巴胺比較像是因渴望、因期待而分泌的物質。大腦透過多巴胺來創造欲望、激發行動，沒有了多巴胺，即使面對的是你喜歡的東西，你也激不起動機，不想採取行動。聽起來很不可思議，對吧？如果你家孩子，激不起動機，整天懶洋洋，你怎麼辦？如何提高我家孩子大腦伏隔核及前額葉的多巴胺？我們對精神益生菌的研究，能為你提供答案。

獎勵與成癮

美國有約兩千三百萬人為毒癮及酒癮所苦，小小臺灣的吸毒人口也有四十萬。以前認為酒癮、毒癮等是因為道德缺陷、意志力低，現在的科學家可不再這麼想。就像癌細胞侵犯器官組織，糖尿病傷害胰臟般，成癮，不管是毒癮、酒癮、菸癮，都是大腦的獎勵系統被這些癮所挾持。而且，不管是網癮、電玩癮、臉書癮、甜食癮，還是A片癮，傷害大腦的機制大同小異，都由大腦感受到愉悅開始，一直走到嚴重的強迫行為。最近一項調查，英國有兩百萬的工作人口患有臉書癮，每天在辦公室要花上一個小時以上，去更新他們的臉書動態，估計每年造成九十億英鎊的經濟損失。

愉悅本來不是壞事，麻煩的就是獎勵機制會讓大腦的記憶中心，記憶住剛才獲得獎勵的那種行動模式，會讓我們對造成愉悅的物質試了還想再試。所以當你吃漢堡，獎勵系統啟動，釋放出一波讓你感覺愉悅的多巴胺，周圍情境、香氣、咀嚼、吸允手指等等，都更加美化這項經驗，形成一個自我增強的循環，越來越多的多巴胺，很快地變成遏止不了的渴望，順利邁出成癮的第一步。

毒癮、藥癮是很大的社會問題，各種成癮物質都會傷害我們的大腦，大腦神經元的再生能力本來就不高，一旦遭到成癮藥物傷害，很難回復。

戀愛何嘗不是類似上癮，愛神一箭穿心，陷入愛情，漸漸地多巴胺主導，開始上癮，如膠似漆，理性完全被綁架。當結婚成家後，多巴胺逐漸消退，維繫夫妻關係的轉成帶來單純幸福的血清素，一起生活、一起白頭偕老，不須要動機，不須要獎勵。

腎上腺合成的多巴胺

人體中，多巴胺的合成一半在大腦，一半在腸道及腎上腺。因為多巴胺穿不過血腦屏障，所以兩邊不會互相干擾。

大腦中的多巴胺和愉快、滿足、積極的感覺有關，在腎上腺合成的多巴胺則是作為激素，調節心跳，提昇血壓。醫院在急救陷入休克，血壓心跳急速下降的病患時，經常就是一針多巴胺下去，希望把心跳血壓拉上來。

二〇一一年，美國范德堡大學的哈理斯（Raymond Harris）教授發表了一項有趣研究，他們破壞掉小鼠腎上腺的多巴胺合成能力後，老鼠的壽命竟然少了一半，一般老鼠可活三十週，沒有腎上腺多巴胺的老鼠，卻只能活十五週，而且他們發現，這群老鼠的腎臟、心臟、血管等全身器官細胞中，竟然累積了大量只有在高壓力狀況下才會出現的一群壓力蛋白質[2]。這有趣了，腎上腺如果不能製造多巴胺，會使全身細胞都處於高壓力狀態，怪不得短命。

¤ ¤ ¤

在精神益生菌的動物實驗中，我們無法偵測老鼠腸道多巴胺的變化，但快樂菌PS128確實會提升大腦多巴胺濃度，不過請放心絕對不會過高，在多巴胺過高的老鼠疾病模式中，快樂菌反而會降低多巴胺。

低了，提升；高了，降低，快樂菌就是有辦法讓腦中多巴胺保持在適當濃度。

① 腸嗜鉻細胞，血清素最早發現於腸嗜鉻細胞中。

五、血清素：帶來幸福與穩定

多巴胺是動機、欲望、創造力，推動文明突破進展；血清素卻是整合、幸福、平衡，確保文明安穩持續。

人類的歷史只不過幾十萬年，血清素卻已有數億年的歷史，不要說遍布動植物界，連真菌類都有，代表這個物質對生物體的重要性極高。

血清素在人體的分布，大概百分之九十到九十五在腸胃道，僅有百分之三到五在大腦。腸胃道中，大部分由EC細胞①，少部分由腸道神經元合成。

在大腦中，僅有數十萬的血清素神經元能合成血清素，但這些神經元卻將它們的軸突，投射到所有的腦區。有個比喻很傳神，如果大腦是一臺高速電腦，血清素神經元就是一組高效降溫兼穩壓系統，會因應環境變化，確保整臺電腦穩定運轉。

目前發表的幾株精神益生菌，包括我們的PS128、PS23等，在動物實驗中，都會提升大腦的血清素濃度，PS128甚至還證明會提升腸道中的血清素，稱之為快樂益生菌，確實當之無愧。

血清素與憂鬱症

血清素的生理功能極廣，在大腦中參與情緒、性功能、食欲、睡眠、記憶、學習、體溫調節等，在其他身體機能方面，血清素也會影響我們的心血管系統和內分泌系統的運作，也參與控制骨骼新陳代謝、肝臟再生，甚至母乳分泌。血清素最廣為人熟知的是與憂鬱症的關係，許多抗憂鬱症藥物的機制，都是調控血清素濃度。

在大腦中，血清素是主要的幸福分子之一，大家都太關心快樂幸福了，所以大腦中的血清素雖然只占極少數，卻吸引絕大多數科學家的關注。一般都相信憂鬱、恐慌等，都和大腦血清素濃度過低脫不了關係，其實到現在我們還搞不清楚究竟是血清素下降導致憂鬱症，還是憂鬱症導致血清素濃度下降。

血清素在腸道做什麼？

為什麼造物主會設計將百分之九十五的血清素分配由腸道分泌？因為對物

種而言，消化吸收遠比神經活動重要，特別是對低等動物而言更是如此。不過請注意，腸道的血清素會釋放入血液，循環全身，但卻通不過血腦屏障，沒辦法直接影響大腦中的快樂中樞，也就是說，即使吞再多的血清素膠囊，也不會讓大腦血清素增加。

血清素和食欲調控密切相關，老鼠血清素降低，就表現飢餓行為，到處找食物，先餵飽自已，其他都不重要。給老鼠注射血清素，會降低老鼠食量，效果和服用可增加血清素濃度的抗憂鬱藥一樣。有朋友問我，快樂菌會提升血清素，那是不是會有控制體重的效果啊？減肥果然是女性最關心的話題，理論上是極有可能，快樂菌在肥胖老鼠試驗中，也確實可減少體重上升，改善代謝症候群，不過沒做人體臨床研究，我實在無法保證。

還有一項大家關心的話題就是便祕，便祕和腸道血清素也是大大有關。在進食時，血清素經由調控腸道神經元，巧妙地控制腸道蠕動，使食物自然被向下端推送。很多人便祕就是因為腸道蠕動這個基本動作無法正常運作。

我們在動物實驗中，清楚看到快樂菌使腸道的血清素大幅提高，這可以解釋為什麼快樂菌可以有效改善便祕。

血清素太低怎麼辦

大家比較關心的是大腦血清素不足，那是無法由測定血液中的血清素濃度推知的，只能由症狀來推。一般認為如果長期有以下症狀，大腦血清素就可能不足：失眠、疲倦、虛胖、厭食暴食、提不起勁、煩躁緊張等。這些症狀其實和常見的憂鬱、慢性疲勞、自律神經失調等的症狀類似。是生活在城市高壓社會人們所常面對的問題。

所以對策也就不外乎多晒太陽、多做運動、多哭多笑、多做深呼吸，多些與家人甚至寵物的親密接觸，睡眠規律等等。看似簡單，不過要持續並不是那麼容易。

飲食非常重要，原料不足就製造不出足量的血清素。身體製造血清素的直接原料是必要胺基酸中的色胺酸，所以要多吃堅果類、魚類（沙丁魚、秋刀魚、鮪魚等）、肉類、奶製品、豆製品、酪梨、香蕉等富含色胺酸之食材。

碳水化合物有助於色胺酸進入大腦，所以積極減肥的人容易有血清素不足的現象，我的意見是碳水化合物（澱粉、醣類）可以少吃，不要不吃，尤其早餐更是重要。

故事中，小飛俠彼得潘回憶過去的快樂經驗，就可以自由飛翔。我們的大腦其實無法區分真實和想像，不管是真的正在經歷快樂，或只是在回憶快樂經歷，大腦都會產生血清素。楊定一博士最近在康健雜誌上，發表過一篇文章〈感恩，帶動生命正向的能量〉，他說：「要快樂，最簡單的方法就是感恩。」聖經說要「警醒感恩」，意思是要時時提醒自己，記得感恩。感恩的心，感恩的動作，感恩的思緒，都使大腦產生血清素，讓你自由飛翔。

¤ ¤ ¤

這章談了神經系統的基礎，中樞神經，特別是大腦，不論如何，大腦還是我們最重要、最複雜的器官。每一個腦區都有不同的功能，神經傳導因子在各腦區中，傳來傳去，引燃不同的反應。電影《露西》中呈現的腦力充分發揮時，甚至超越時間空間的限制，那確實太超現實了。其實，大腦也只不過是由許多神經元，神經膠細胞，及各種神經傳導物質交織而成，可以不斷修復重組的一個系統，然後再依賴感覺神經接收外界訊息，依賴運動神經對外做出反應，這是一個把大腦擺在上位的正三角思維模式，笛卡爾說：「我思故我在」，也是大腦至上的思維模式。

下一章即將討論的菌腦腸軸理論，會大大衝擊這個正三角思維模式，大腦也許真的是高高在上，不過卻是處處受到來自腸道（丹田）的控制。中醫說我們的下丹田是五臟六腑之本，十二經脈之根，真是至理名言，不過這個所謂的丹田的力量，現在認為就是那百兆腸道菌！

CHAPTER

3

腦腸軸與菌腦腸軸

一、禮讚腸道菌的崛起

二、第二大腦：腸道神經系統

三、腦腸軸：腸道與中樞神經間的訊息傳遞系統

四、菌腦腸軸的發展

五、腸道菌如何與大腦溝通？

六、菌腦腸軸對健康的影響

「生命早期，腸道菌的狀況會影響大腦發育及功能。」「生命早期，腸道菌的狀況會影響成年後腦部血清素濃度。」以上是我演講時，常用來破題的話。

母親懷孕時腸道菌的狀況會影響胎兒大腦的發育，出生後，嬰兒的腸道菌會受到生產方式（自然生產或剖腹生產）、餵食方式（母乳或配方奶）所影響，進而影響到嬰兒的大腦發育。

「原來我兒子每次數學都考不及格，是因為我懷孕時，腸道菌沒有保養好，便祕太嚴重了。」

每次講到這個，聽眾就會哄堂大笑，但有些媽媽會認真地擔心起來：「蔡博士，怎麼辦？現在開始給孩子保養腸道菌來得及嗎？」「當然可以，忘記過去，放眼將來吧！」心裡暗自嘀咕，否則能怎麼辦？也不能再塞回子宮去，當然只好亡羊補牢，改善一分是一分。

生命早期的腸道菌影響豈僅止於考試成績，最近好幾項動物實驗都顯示，成年後腦部血清素濃度同樣受到幼年期腸道菌狀況所影響，血清素被稱做快樂荷爾蒙，腦部血清素濃度經常偏低，意謂著比較容易陷入憂鬱情緒。

生命早期的腸道菌狀況也會影響孩子的免疫過敏，現在過敏兒越來越多，常被歸因於濫用抗生素，打亂了腸道菌。生命早期的腸道菌狀況還會影響長大後的能量代謝，為什麼有些人喝水也胖，有些人始終骨瘦如柴，也許真是因為生命初期腸道菌沒照顧好。

因為我演講的聽眾以婦女居多，與孩子相關的話題很容易吸引聽眾的興趣，所以我會呼籲：「婦女朋友們，當妳準備要結婚，準備要懷孕，請妳立刻保養好妳的腸道菌，讓下一代贏在生命的起跑點。」

為什麼生命早期的腸道菌狀況會「銘刻」在孩子的生命中，影響他一生的健康？真對不起，目前真無法解釋，我們還無法回答你為什麼。不過研究一是一、二是二，一翻兩瞪眼，現在的研究結果就是清楚顯示生命早期腸道菌的好壞，會影響大腦發育與機能，影響一生的能量代謝，影響一生的過敏免疫。

腸道菌影響大腦發育，影響腦部血清素濃度，這些就是近年科學界最夯的「菌腦腸軸」。有腸道菌研發井噴式（這是中國大陸流行用語，很傳神）的突破，才有現在菌腦腸軸的革命，也才有我們的快樂益生菌問世。所以這一章，我要先談腸道菌的爆發，然後談腸道神經系統，最後才切入菌腦腸軸，太多有趣的新知識，你專心接招。

一、禮讚腸道菌的崛起

為什麼腸道菌對人體健康如此重要？其實是長期演化的必然結果。我經常說，當上帝用泥土創造亞當時，所用的泥土就已經是充滿了各種微生物。不論動物或植物，都是在充滿微生物的環境中演化過來的，微生物介入身體所有的生理生化反應，是很當然的事。只不過，這些微生物實在是太微小，科技未到，很難研究。科學家一直到十九世紀末，才有能力研究，而且是由霍亂、結核病等病原菌開始著手。

百多年來，講到細菌，大家的刻板印象就是疾病與死亡，避之唯恐不及。到了二十一世紀，突然科學家要大家相信，我們是與百兆腸道菌共存共榮，甚至說我們的健康都是掌握在這些微生物手上，還真不容易接受。

二〇一三年，頂尖科學期刊《科學》（*Science*）將微生物研究，選為十大科學突破，那年被選上的另外還有癌症免疫療法、宇宙射線、大腦透視技術、疫苗設計等。要入選十大，不但概念要創新，更重要的是要對提升人類生活福祉與生命品質有重要貢獻。

你的腸道菌，你的健康

《科學》介紹微生物主題，原標題為〈Your microbes, your health〉，雖然是說「微生物」（microbes），但內涵卻是指「腸道菌」，所以我翻譯為〈你的腸道菌，你的健康〉。腸道菌被選入十大，是近十年百花齊放，冒出來的眾多研究，水到渠成地讓《科學》編輯群認定腸道菌對人體健康的重要性。

請注意，不是腸道菌影響健康，編輯群說的是，**你的腸道菌就是你的健康。**

華盛頓大學的傑弗里・戈登（Jeffrey Gordon）教授，二〇一二年在《科學》上寫了一篇鏗鏘有力的前瞻評論〈禮讚腸道菌的復興〉（Honor Thy Gut Symbionts Redux）[1]，他說腸道菌的研究勢必「改變我們對健康的定義，解決全球健康問題」。大師的遠見，正在快速實現，未來十年，將有更多的研究資源投入腸道菌的研究。

次世代DNA定序技術，深入微生物的世界

先來釐清微生物相（microbiota）及微生物體（microbiome）的差異。微生物相指某一個環境中的所有微生物，細菌、真菌、病毒都包括在內，我常說的腸道菌相，就是指腸道中所有微生物；而由基因的層次來研究或論述微生物相，就稱為微生物體。

我們的腸道菌包含上千種的菌種，很多都是無法分離培養的菌，過去無法分離，就無法深入研究，現在有了稱為「次世代基因定序技術」，此超級有效的研究工具，不必分離菌株，大便拿來，直接抽取DNA，直接定序，腸道菌包含哪些菌種全知道了。

前美國總統歐巴馬在任時，推動了幾項國家研究計畫，常被稱為歐巴馬計畫或白宮計畫。二〇一三年推腦科學，二〇一五年推精準醫學，二〇一六年則推出國家微生物體計畫（National Microbiome Initiative）。每個計畫都號召產學各界，投入龐大資源，都是最前瞻的科技研發，將創造龐大的商機。

白宮微生物體計畫野心極大，除了闡釋微生物體如何影響如肥胖、癌症、

糖尿、憂鬱、自閉等人類健康問題外，更廣及農業生產、氣候變遷、環境汙染等重大問題。微生物體頓時成為當紅的科技領域，被評選為二〇一七年最具潛力的醫療創新科技。短短兩年，創投基金投入微生物體產業的資金已經遠超過十億美元。

次世代基因定序技術（next generation sequencing）

生物體的基因是由ATGC四種鹼基排列而成，解析基因鹼基排列順序就稱為基因定序。人類基因體計畫就是將人類的基因序列全部解析出來，使用第一代的定序技術，花了三十億美金，十三年的時間才完成。近十年發展出多種全新的定序技術，比第一代技術費用便宜幾萬倍，速度更是快上幾十萬倍，即稱為次世代基因定序技術。

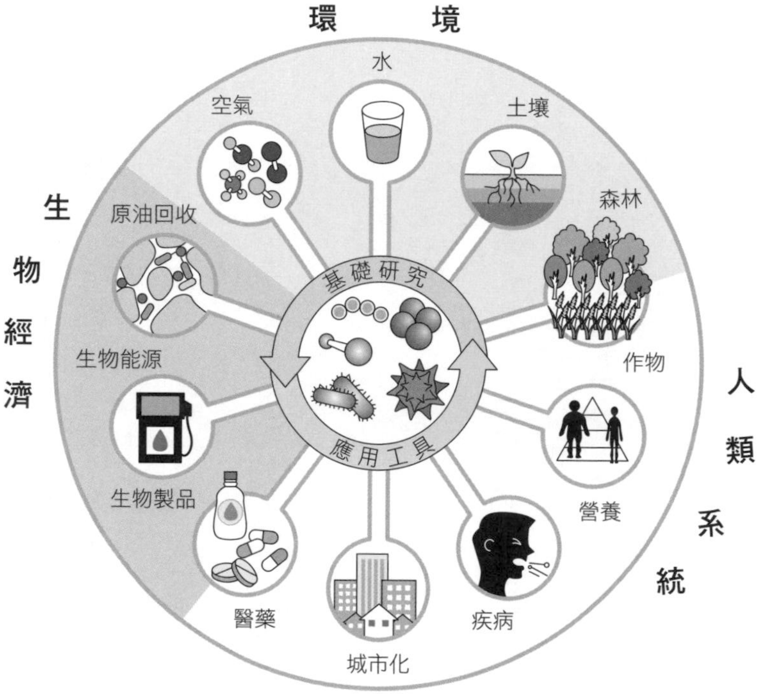

· 圖八　白宮微生物體計畫
Credit: Diana Swantek, Berkeley Lab

二、第二大腦：腸道神經系統

腸道神經系統（enteric nervous system, ENS）遍布由食道到肛門的整個消化道，我們常稱之為「第二大腦」或「腹腦」。

以研究血清素出名的哥倫比亞大學解剖系教授——麥克・傑森，在一九九九年出版了暢銷名著《第二大腦》。這本書由神經胃腸學的角度，深入探討腹腦的功能，使腹腦的概念更加發揚光大，《紐約時報》當時的書評是：「給無數苦於功能性腸胃疾病的人帶來希望。」

在該書的序章中，傑森教授形容我們的腸道夠醜了，又臭，像蛇，扔在桌上會滑，內容物噁心，哪像大腦，看來就是孕育智慧的場所，他說：「只有像我這種科學家才會喜歡。」

傑森教授說，腸道內有全身百分之九十五的血清素和數十種的神經傳導物質，這些物質就像是神經系統的語言，代表第二大腦就像第一大腦一樣，能夠說出複雜的語言、表達複雜的情緒，所以，傑森教授在書中宣稱，「我們的腸道會思考、會感覺、會表達情緒」，如果再加上「會學習、會記憶」的話，第二大腦的功能幾乎就要和第一大腦相近了，遠遠超越我們過去所認知的「腸道僅負責食物消化，養分吸收」。

第二大腦的結構

腸道神經系統由多達五億個神經元構成，雖然數目上還不到大腦的百分之一，但確實是大腦以外，最具規模的一個神經系統，神經元數目甚至比脊髓還多。

腸道神經系統因為不受自我意志所控制，在定義上也屬於自律神經系統。這個系統以迷走神經與中樞神經系統保持聯繫，但大多數的功能卻是獨立運作，就像斷頭的蟑螂還可以活動好幾天般，即使將迷走神經切斷，這個系統照樣可以調控腸道消化作用運作無礙。

為什麼要有第二大腦？

有人會說：「大腦將管理腸道消化作用的功能，分到腸道去，讓身體運作更有效率。」這種大腦上位的說法，不盡正確。從演化上看，先有腹腦，再有大腦；從胚胎發育看，兩者平行發育；從功能上看，兩者分進合擊，各擅勝場。

兩個神經系統基本結構非常相似，都由複雜的神經網路構成，收發神經脈衝，運用多種共通的神經傳導物質來傳達訊息。大家最熟知的兩種快樂因子，多巴胺，大腦與腹腦各占百分之五十，血清素則百分之九十五在腹腦。二者都有為數眾多的神經膠細胞支持。

從結構上來看，腸道內腔表面布滿了厚厚的黏膜，黏膜下面就是一層緊密排列的上皮細胞，

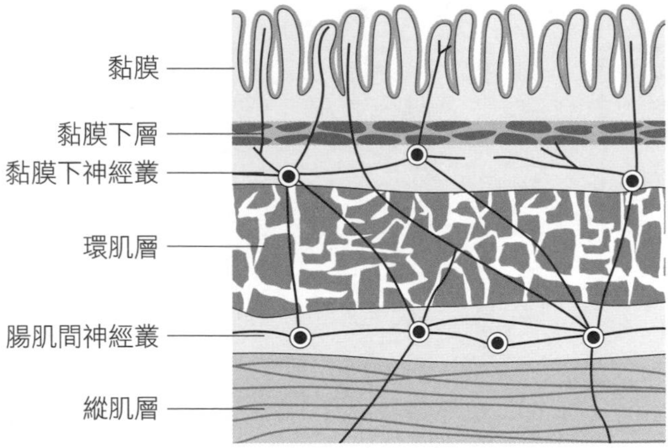

· 圖九　腸道神經系統的構造

再下面就是稱為黏膜下層的空間，有微血管、乳糜管穿梭其間，還有一個綿密網狀的「黏膜下層神經叢」，由這裡分射出的神經元，及游離的神經膠細胞會像哨兵般，深深遍布到絨毛頂端。

再下去就是構成腸道壁主體的環肌層及縱肌層，一環一縱，兩者走向不同，互相協調，構成腸道韻律性的蠕動。在這兩層肌肉中間，夾了另一個綿密網狀的「肌間神經叢」，和上述的黏膜下層神經叢，共同構成腸道神經系統的總司令部，發號施令，整合情報。

黏膜是腸道戰場的最前線，腸道神經系統將大量感覺神經元配置在黏膜層，它們可即時感知黏膜表面的生理狀況，源源不絕地將感覺訊息送回司令部，經過整合判斷後，由各種運動神經元，將指令傳送出去，做出像腸道蠕動，局部血流速度改變，離子吸收，消化液分泌等的第一線反應。

收集情報→整合判斷→發出命令，腸道神經系統是真材實料的第二大腦。

這個相當獨立自主的第二大腦透過迷走神經，與頭部的第一大腦保持雙向連繫，參與身體整體的運作調控。如果兩個大腦沒有雙向聯繫，我們描繪的「腦腸軸」就不會成立。

第二大腦的機能

為什麼要在腸道設計安置一個完整且獨立的神經系統呢？

如果先不考慮腸道菌的話，直覺地說就是為了有效調控消化作用。消化作用對維持生命基本運轉太重要了；而且消化作用受許多環境因素影響，時時須要因應變化，做現場及時處理。所以，第二大腦的基本機能是控制維護消化作用的順利運作。

請別小看消化作用，從食物的吞嚥，消化道蠕動，消化液分泌，激素分泌，排便調控等，都是環環相扣。食物吞下去以後，一面消化，一面向著肛門推送，看似簡單，但食物通過時，腸道得由上而下，分段交互收縮放鬆，這些都需要神經系統密切配合。

而且由動物演化歷史來看，這套神經系統處理消化問題已有數百萬年，已經內建許多行為程式，會針對不同的消化狀況，快速決定執行哪種程式。例如中午吃便當，腸道啟動正常消化程式；可是如果便當的食物不新鮮，腸道感知到有問題，就會立刻啟動逆行蠕動程式，將腸道中的食物，逆推入胃中，而且高速由食道中嘔吐出來。由感知問題、逆行蠕動，到噁心嘔吐，這可真需要第二大腦發揮高度整合能力，才能有效執行。

腸道神經系統規模雖小，卻絕不低階，絕不僅是大腦的腸道「派出所」。它擁有嚴密的情報收集及傳送系統，足以即時監控腸道發生的大小事件，將所收集的資訊整合後，若有腸道無法處理的問題，則經由迷走神經上傳。也就是說，我們的第二大腦——腸道神經系統，完全可以藉由包括血清素在內的各種神經傳導物質，上傳神經訊號，影響大腦，引發悲傷、快樂、壓力，甚至影響記憶、學習、判斷。

所以，當你從這個角度去理解腸道神經時，你就會理解為什麼《第二大腦》的作者傑森教授，會宣稱「腸道會思考，會感覺，會表達情緒，甚至會學習，會記憶」了。

回頭來問，究竟第二大腦除了管消化吸收外，還有其他什麼機能？因為研究尚未到位，現在實在很難清楚理解，不過我認為負責與百兆腸道菌的對話，也許真的是第二大腦最重要的機能。

三、腦腸軸：腸道與中樞神經間的訊息傳遞系統

所謂的腦腸軸，指的就是腸道系統與中樞神經系統之間複雜的訊息傳遞系統。藉由腦腸軸，我們可以明白腸道與中樞神經，兩者是如何聯繫協調、如何分工合作，以及如何影響各種生理機制。

「腦腸軸」對身體的影響

在生活中，只要用點心思，你可以找到一些和「腦腸軸」有關的蛛絲馬跡。

當排便不順時，是不是比較容易偏頭痛、煩躁，睡眠狀況也較差。我自己如果早上沒法順利排便，就趕著出門，一定整天坐立不安，搞不清楚真的是肚子不舒服，還是腦子裡感到肚子不舒服。

以「吃」這件事作為例子，我太太（實踐大學鄭淑子老師）擔任全國技能競賽中餐烹飪裁判長已經十多年。她常說一道好菜，要求色香味俱全，讓食者

的五感都能滿足。這種論調確實是有生理學基礎的，我們會告訴學生「消化從口腔就開始」，但其實是從大腦開始。進了餐廳，感受到美食氣氛，此刻，消化作用就已經在大腦中悄然啟動；食欲相關的荷爾蒙開始循環，唾液分泌不自覺增多。

不錯，我們的食欲誘發，都是先由大腦開始，大腦受到刺激，會動員所有的感官器官，啟動攝食行為及消化作用。食欲的啟動與控制就是「腦腸軸」的標準範例，厭食症、暴食症等病症都是「腦腸軸」失衡的結果。

更科學些的例子是盛行率近百分之二十的腸躁症。要考試、要出差、要談大生意，感到壓力，緊張起來就腹部絞痛，猛跑廁所，壓力壓在大腦，卻發作在腸胃，這也十足是「腦腸軸」發功的結果。腸躁症會不斷反覆發作，找不出確切病因，但醫界一般認為情緒和壓力是誘發和惡化的因素。益生菌對腸躁症的功效，確實已經被許多胃腸科醫生接受，我在第四章中會說明我們如何建立老鼠模式，且用來研究精神益生菌對腸躁症的效果。

腦腸之間的神祕通道

腹部的第二大腦與頭部的第一大腦，同屬於人體的神經系統，兩者之間會溝通對話，也是想當然的事，不過，腦腸軸的這個「軸」的實體究竟是什麼？是真有條神祕通道連通彼此嗎？

大腦與腹腦都是神經系統，兩者之間以迷走神經相互連結，令人感到意外的是，在迷走神經上面傳送的訊息，九成是由下往上，也就是說，大腦很少去管腸道神經的事，腸道運動消化等，幾乎是由腸道神經自管自的。

腸道向上傳遞的神經訊息，包括偵測到腸道壓力太高（脹氣），有細菌毒素侵犯（食物中毒），發炎性激素濃度增高（腸道發炎）等。這些訊息到達大腦，會產生疼痛、不舒服的感覺，也可能引發複雜的生理反應，試圖去處理這些問題讓身體回復平衡。

不過如果腹腦的功能僅止於調控消化、影響食欲，「腦腸軸」就不會如此受到重視。事實上，腸道已被科學家認為和腸躁症、憂鬱症、自閉症、厭食症、暴食症等神經心理問題密切相關。對腸道功能之認知，亦因此由早期

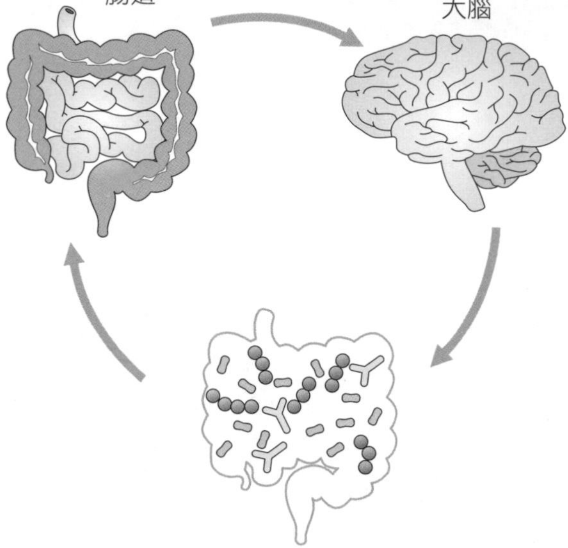

· 圖十　菌腦腸軸

的「腸道是高效率消化吸收器官」，進展到近期的「腸道是最重要的免疫器官」，「腸道是代謝症候群的發源地」，再進展到現在的「腸道是第二大腦——腦腸軸影響身心疾病」。由消化到精神，腸道的影響力，幾乎涵蓋我們身心健康的所有層面。

不過，當科學家們深入去追問為什麼腸道會影響代謝、免疫、精神等機能時，似乎無法單純用「腸道有許多免疫細胞，腸道有複雜的神經系統」等說法來圓滿解釋，總覺得少

① 直譯應是「菌腸腦軸」，但我怕譯成「菌腸腦軸」，可能會讓人誤解成是由菌，而腸，然後才是腦。但這三者的關係不是直線排列，而是互為犄角的三角關係，腸道菌可以直接和腦互相溝通，不需要經過腸道，同樣的，腦也可以直接影響腸道菌。所以，我選擇用「菌腦腸軸」，希望打破菌→腸→腦的刻板印象。

了什麼重要的環節。

進入二十一世紀，腸道菌爆發性的研究進展，填補了所有疑問，原來過去大家賦予腦腸軸的種種生理功能，其實都是由腸道菌扮演發動引擎的那把鑰匙。所以，順理成章的腸道菌就與腦腸軸串聯成「菌腦腸軸」，當我們說「腸道是生命之祖，生氣之源」時，其實那個祖、那個源，指的就是腸道菌。

四、菌腦腸軸的發展

「菌腦腸軸」（Microbiota-Gut-Brain Axis）①這個名詞至少比「腦腸軸」晚了三十年，才開始在主流科學期刊出現，但一現身馬上就一飛衝天，被譽為是近年來科學的重大突破。

「腦腸軸」講的是中樞神經系統與腸道神經系統、免疫系統等，合作調控消化與吸收，是神經與神經，神經與免疫間的對話。相對的，「菌腦腸軸」完全將腸道菌置於核心，腸道菌坐鎮腸道，經由操控腸道的神經免疫系統，發揮它們對中樞神經的統治力。

菌腦腸軸能夠快速崛起應該歸功於微生物體研究技術的進展，特別是所謂的次世代DNA定序技術，讓科學家對腸道菌組成及機能的了解更加透徹，再加上腦腸軸概念適時成熟，於是兩造一拍即合，造就目前菌腦腸軸研究勢不可當的現狀。

以下我要舉五個團隊的研究來描述菌腦腸軸的發展軌跡。

1. 腸道保健越早越好：日本九州大學

幾乎每一篇談菌腦腸軸的文章，都會從九州大學醫學院，須藤信行教授發表於二〇〇四年的論文切入。[2]研究者分別對正常小鼠和無菌小鼠施加一小時的束縛壓力（如放入養樂多瓶內），發現無菌鼠血液中的壓力荷爾蒙遠遠高於正常鼠，而且如果讓九週齡的無菌鼠吃正常鼠的大便（相當於將正常鼠的腸道菌導入無菌鼠），再給予束縛壓力時，壓力荷爾蒙就能夠維持正常，可是給十七週齡的無菌鼠吃大便就無效，壓力荷爾蒙照樣飆高。

須藤教授的論文結論很保守地說，他們的研究結果開啟了腦腸軸的新觀點。就我來看，他們早在二〇〇四年，就清楚提出腸道菌影響神經系統的證據，而且還清楚證明在生命早期就導入正常的腸道菌，影響較大，太晚才導入，效果就看不到了，稱他是菌腦腸軸的先驅者，絕不為過。

小鼠平均壽命約兩年，九週齡大約相當於人的六歲，十七週齡約相當於十二歲。知道我要提醒你什麼了嗎？就像我在本章開頭所說的，「生命早期腸道菌的狀況會影響大腦發育及功能」，須藤教授的研究同樣強調腸道菌的保健越早做越好，益生菌越早開始吃越好，但不是說長大了就不必照顧腸道菌，只是基礎沒打好了，成年後就只能亡羊補牢，加倍努力。

2.大腦發育需要腸道菌：美國范斯坦醫學研究所

談到生命早期，就想談談我經常在演講中提到的一篇論文《大腦發育需要腸道》（*It takes gut to grow a brain*），大腦發育扯到腸道？這題目夠聳動了吧。這是美國范斯坦醫學研究所的戴蒙（Diamond）教授的論文。[3]

戴蒙教授論文附圖〈圖十一〉很具啟發性，左上的腦寫的是胎兒腦，注意不是嬰兒腦。左邊一個大箭號由腸道菌拉上到胎兒腦，胎兒是沒有腸道菌，作者這裡要講的是，懷孕母親的腸道菌會影響胎兒的大腦發育，我屢次提到的生命早期，確實是早到還在子宮中的胎兒期。

我大女兒是在東京新宿醫院生的，我和岳母在產房外枯等，太無聊了，跑到醫院旁邊的小鋼珠店耗，手氣太好，忘了時間，回到醫院，新生兒剛好抱出來，難忘的是她兩顆黑眼珠瞪著我看，女兒的第一眼，永生難忘。

我想強調的是由受精卵開始，十個月就發育成眼珠溜溜轉，盯著你看的小生命。懷胎那十個月，真是成長最迅速的十個月，若要談腸道菌對生命早期的影響，怎可忽略這十個月。所以，母親們，懷孕時，照顧好自己的腸道菌，就是照顧好孩子的大腦發育。

這張圖還有一項重點是大腦發育有所謂的關鍵期，在這段關鍵期間內，如果因為病菌感染，使用抗生素等因素，導致腸道菌嚴重失衡，可能造成大腦發育難以彌補的缺陷。相對的，這段關鍵期也是採取積極手段，由改善腸道菌去增進大腦發育的黃金期。一般認為，這個關鍵期是從胎兒期到大約兩歲，也就是WHO早在二〇〇〇年就提出，呼籲大家千萬重視的「生命第一個一千天」。

在生命早期，何止是大腦發育，其他像免疫、能量代謝等系統的發育奠

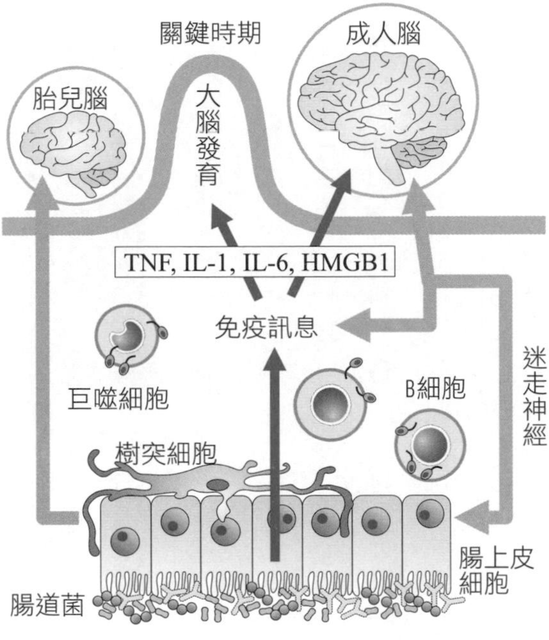

· 圖十一　**大腦發育受腸道菌影響**
參考論文3改繪

基，腸道菌都扮演重要角色。也許我們不太放心讓嬰兒太早吃益生菌，但至少媽媽懷孕期好好保養腸道菌是絕對必要，至於孩子，我個人認為開始吃副食品時，就可以開始適量補充優質的益生菌了。

3.生活壓力導致憂鬱躁鬱：愛爾蘭科克大學

談菌腦腸軸的崛起，不可不談愛爾蘭科克大學醫學院的約翰・克蘭（John Cryan）和狄摩西・狄蘭（Timothy Dinan）兩位教授。雖然最早發表菌腦腸論文者是九州大學的須藤教授，但科克大學的團隊才真是菌腦腸軸神速發展的主要推動引擎。這兩位教授從二〇一一年開始到二〇一七年，短短七八年間，總共發表了兩百篇以上的菌腦腸軸相關論文，只有一句「驚人」可以形容。

克蘭及狄蘭兩位教授原本就已經是知名的神經

・圖十二　生命第一個一千天

科學家，他們在二〇一一年就發表一株鼠李糖乳桿菌JB-1，能舒緩憂鬱鼠的憂鬱行為[4]，同一團隊的奎格利（Quigley）教授更是在二〇〇五年就發表另一株嬰兒雙歧桿菌35624對腸躁症的效果。[5]這兩株菌目前都是愛爾蘭的Alimentary Health公司的王牌菌株，想當然的，這家公司就是由上述科克大學團隊所發起成立的。

兩位教授是精神益生菌的命名者，是這個研究領域的龍頭老大，下一章還會談及他們的研究和他們的菌株。

4.記憶、學習，與神經退化：瑞典卡羅琳醫學院

最後再介紹一位也稱得上是菌腦腸軸先驅者的教授，瑞典卡羅琳學院的彼得森（Sven Pettersson）教授。他同樣用無菌鼠做了一連串的實驗，最有趣，也最重要的是，他們發現無菌鼠大腦的突觸可塑性和血腦屏障的完整性，都比正常鼠差。[6]

突觸，簡單說就是神經細胞互相的連結，大腦在運作時，突觸必須不斷地重組，去蕪存菁，加強有用的突觸，弱化無益的突觸。所以，突觸可塑性使大

腦可以因應外在的變化而快速反應，突觸可塑性差，代表大腦的記憶和學習能力差，面對外在壓力的調節性差。彼得森教授的研究告訴我們，如果我們的腸道菌不健康，大腦突觸可塑性一定不會好，也就別期待記憶學習力會好。

至於血腦屏障則是保護大腦的重要機制，大腦中的血管和一般血管構造大不相同，除了血管壁細胞排列更緊密外，外圍還有星狀細胞嚴密保護，這種結構就稱為血腦屏障，只讓血糖，氧氣等必要物質進入大腦。

彼得森教授團隊發現無菌鼠的血腦屏障不完整，無法阻隔異物進入大腦，將正常狀況下不會滲進腦組織的螢光色素，注射進無菌鼠血管時，大腦竟然一片螢光染色。同樣的，將腸道菌回灌入無菌鼠腸道，兩週後，血腦屏障完整性大大提升，色素又進不去了。

要知道大腦中的血管長度長達六百五十公里，如果血腦屏障出了問題，即使只是小小地稍微滲漏，毒素就有可能長期攻擊我們的中樞神經，失智症等各種神經退化性疾病的發病，都和血腦屏障完整性脫不了關係。

彼得森教授證明大腦突觸可塑性和血腦屏障與腸道菌相關，這兩項發現就足以奠定他在菌腦腸軸領域的崇高地位。

5.提升大腦多巴胺：陽明大學

其實還有好幾個團隊在菌腦腸軸崛起過程中，都留下重要的研究足跡，限於篇幅，我只能介紹到此，我們自己的團隊呢？陽明大學的團隊呢？

我們的研究重點在開發能作用於菌腦腸軸的精神益生菌。如果要用一句話點出我們的貢獻？**我會說我們所開發的精神益生菌PS128，是第一株能改變大腦多巴胺的菌株**。多巴胺不但是快樂荷爾蒙，更是大腦獎勵系統的關鍵，和自閉症、好動症、巴金森氏症、成癮等許多生理病理症狀都有密切關係。

我會在下一章仔細地談我們的精神益生菌研究。我真希望，再過幾年，當其他學者在回顧菌腦腸軸或精神益生菌的發展時，我們陽明大學團隊的研究也會被認為占有一席之地。

五、腸道菌如何與大腦溝通？

腸道菌是深藏在肚子裡，非常動態，變化萬千的一個微生物生態系；大腦則是被重重保護在腦殼裡，高高在上，控制所有生理系統運作的生命中樞。腸道菌究竟如何與我們的大腦構建成菌腦腸軸？菌腦腸軸的實體是什麼？究竟與我們的健康有什麼關係？

首先我要請你仔細看看〈圖十三〉，就如同我一再掛在嘴邊的三句話：「腸道是人體最重要的免疫器官」，「腸道是第二大腦」，以及「腸道是人體神經系統與免疫系統，最交錯糾纏、相互影響的部位」。〈圖十三〉顯示腸道中的神經系統，真的是深入到絨毛的最頂端，與百兆腸道菌僅僅一層細胞之隔，也就是說，腸道菌可以和腸道免疫系統對話，釋放出各種激素、荷爾蒙，經由循環系統影響大腦；腸道菌也可以和腸道神經系統對話，再經由迷走神經，影響位在大腦的中樞神經系統。

基本上，菌腦腸軸主要是由神經、免疫、ＨＰＡ軸，以及腸道菌所產生的

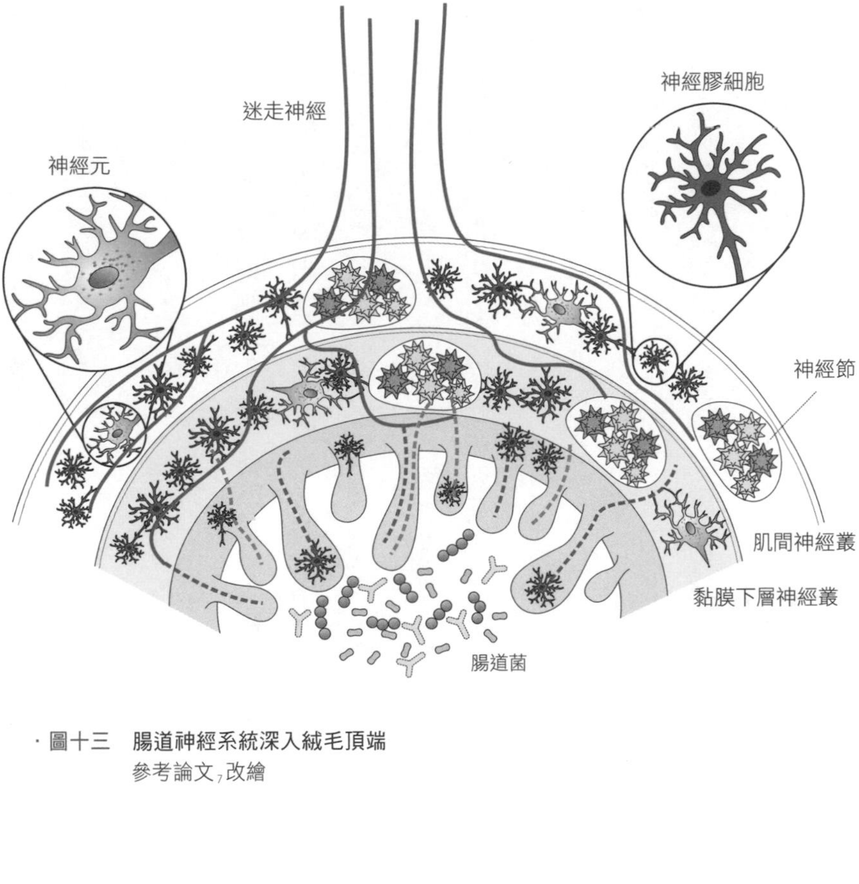

・圖十三　腸道神經系統深入絨毛頂端
參考論文[7]改繪

各種代謝物質等四大系統構建而成，有些複雜，下面配合〈圖十四〉，說明腸道菌和大腦如何雙向溝通。

❶迷走神經路徑

連結中樞與腸道兩大神經系統的是迷走神經，腸道菌在腸道中與腸道神經系統對話，再經由迷走神經傳訊息給大腦。加拿大麥克馬斯特大學的貝瑞克（Bercik）教授，在二〇一一年發表的論文中[7]，利用腸道病菌感染老鼠，發現不到一小時，老鼠就呈現焦躁行為，如果直接以手術切斷迷走神經，揭竿見影，老鼠就不會再因為腸道菌變化而呈現行為模式的改變，顯示迷走神經對菌腦腸軸的重要性。

❷腸道免疫路徑

腸道菌會誘發腸道免疫系統分泌各種細胞激素，經由血液循環，送到大腦部位，引發各種不同的神經反應。雖然細胞激素通不過血腦屏障，進不了大腦，但大腦周邊仍有些血腦屏障防禦力較弱的部位，細胞激素到了這些部位，

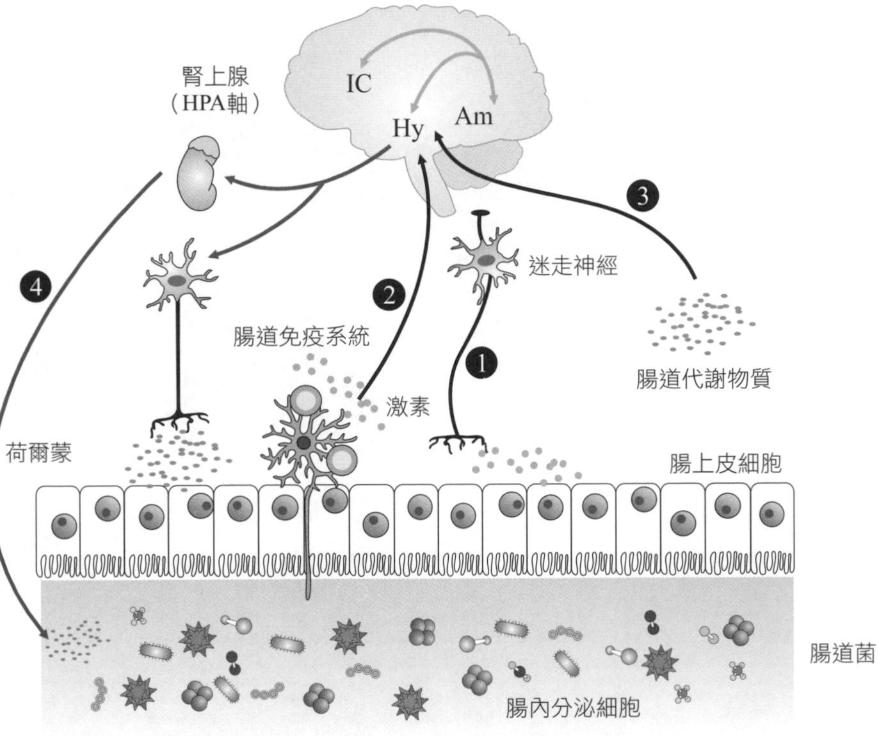

· 圖十四 **腸道菌與大腦的溝通方式**
參考論文 8 改繪

自然有辦法影響大腦。

❸腸道菌代謝物質

少數腸道菌會分泌如GABA、多巴胺、一氧化氮等，會影響神經活性的物質，同樣這些物質進入血液循環，會引發中樞神經各種不同的神經反應。腸道菌會代謝膳食纖維，產生乙酸、丙酸、丁酸等短鏈脂肪酸（SCFA），不但能使腸道保持微酸性，抑制壞菌生長，同時也是腸道細胞的主要能量來源，有助於維持腸道完整性，而且發揮包括增強免疫等多種生理功能。其中，丁酸最為神奇，最近的研究發現，丁酸和大腦神經膠質細胞的發育成熟密切相關，科克大學的克蘭及狄蘭兩位教授，聯名寫了篇文章談丁酸的神經藥理角色，稱丁酸是菌腦腸軸的麵包與牛油[9]。

❹下視丘—腦垂腺—腎上腺（HPA）軸

HPA軸是大腦調控腸道及腸道菌的重要途徑，是神經內分泌系統的重要成員，參與調控應付緊急狀況時的「戰鬥或逃跑」（fight of flight）反應，當大腦感受到壓力時，活化HPA軸，腎上腺釋放出壓力荷爾蒙，啟動戰鬥或逃跑機制，調節消化、內分泌、免疫系統、情緒，以及能量貯存和消耗等生理作用，同時也直接或間接的影響腸道菌平衡。目前已發表的少數幾株精神益生菌，包括我們的PS128，幾乎都能影響HPA軸，降低壓力荷爾蒙，舒緩壓力反應。

¤ ¤ ¤

菌腦腸軸並不是說腸道菌會入侵大腦，而是說**腸道菌經由腸道神經免疫內分泌系統，去影響大腦，改變思想行為**。因此「腸道菌健康，神經心理也健康；腸道菌失調，神經心理也失調」。

造物主究竟如何譜寫菌入主人體的程式設計圖？菌腦腸軸研究崛起不到十年，還有太多的未知，菌如何將外在環境轉譯成內在調控訊息，我們科學家如何解讀菌的神祕，進而轉化為保健醫療手段。相信在未來，將會有更多的探究。

絕不與人握手的微生物學家

著名的微生物生態學家，美國科羅拉多大學的諾曼・培斯教授（Norman Pace）絕不與人握手，更別說其他肢體接觸，原因是不想接觸他人的微生物，也不想分享自己的微生物給他人。當然這是錯誤的認知，我們應該多與自然界交換微生物，增加多樣性才對，不過，培斯教授確實深知微生物對健康的影響，以及微生物的無孔不入，他知道簡單一個握手，就足夠傳遞千百萬微生物，他對微生物基本上是抱持害怕的負面觀感，自己身上的菌只好忍耐，別人的菌，則盡可能敬而遠之。

六、菌腦腸軸對健康的影響

我做了〈圖十五〉輔助說明腸道菌與健康的關係。分幾大區塊說明：

影響腸道菌平衡的各種因子

遺傳、懷孕期間母親腸道菌的狀況、生產方式，生活、飲食，是否使用抗生素、是否補充益生菌，壓力及老化等都會影響腸道菌平衡，當負面因子不斷累積，腸道菌逐漸失衡，很多健康問題就應運而生。

遺傳應該是重要因素之一，但如何影響，目前還沒有答案。

人生開始的那一千天，包括懷胎期間母親的生理心理狀況，抽菸、酗酒、吸毒會造成負面影響當然不用說，舉凡母親的壓力心情、營養攝取、思想行為、生活作息，與胎兒的互動等，都會影響腸道菌的狀況，進而影響胎兒的成長。生產與哺乳方式更是直接影響嬰兒腸道菌的發展，以自然產、餵母乳較佳。

老化雖然不可逆，但藉由飲食、運動、及生活型態的改善，多少可以減緩

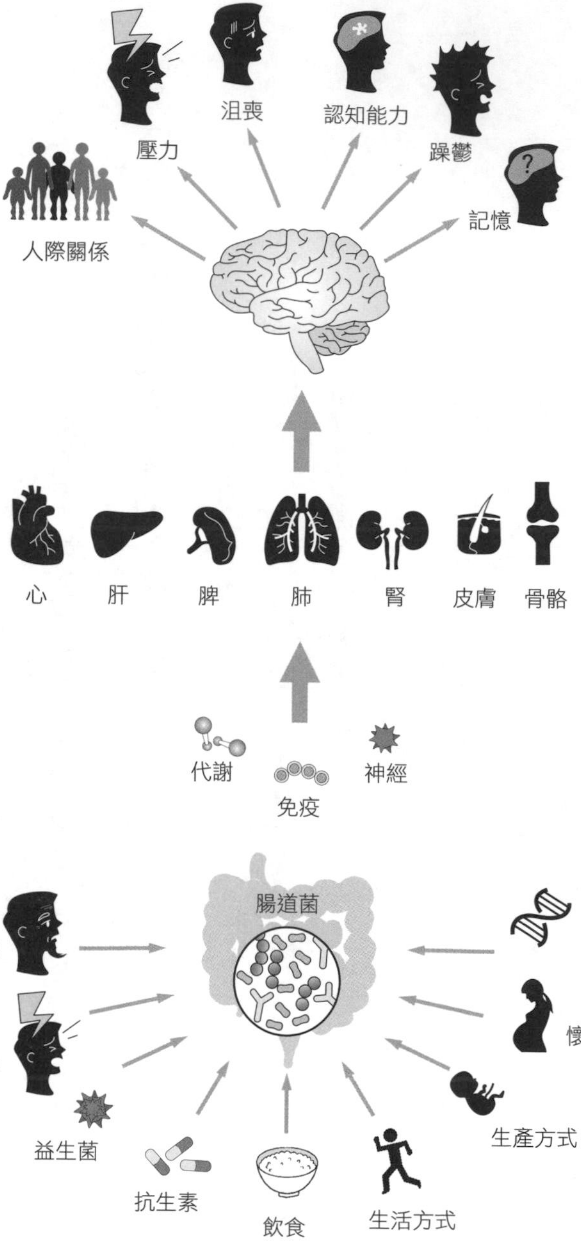

· 圖十五　腸道菌與健康的關係

自然老化的速度。

近端影響

腸道菌失衡，最直接受到影響的當然是便祕、消化不良、大腸發炎性疾病（IBD）、腸躁症（IBS）、壞死性腸炎（NEC）、腸胃道癌症等的腸道疾病。

臺灣營養基金會統計，全臺超過五百萬人飽受便祕之苦，國人一年可吃掉一億七千萬顆便祕用藥，「便祕」儼然成為新國民病。前幾個月我應邀參加《康健雜誌》辦的「解祕腸道驚世代——國人便祕危機與腸道菌解方」座談會，我說不少研究指出腸道菌相失衡會提升便祕機率，便祕是腸道健康的警訊，不可等閒視之。不過隨便亂吃便祕藥或各種祕方，只會更加攪亂腸道菌的平衡，最好還是乖乖地從飲食、運動和生活作息下手，特別是水、益生菌及膳食纖維是三大關鍵。

IBD和IBS英文簡稱相近，兩者病患的腸道菌相都明顯異常，都會引起胃痛、腹脹、腹瀉或便祕，不過病因大不相同。IBD是腸道發炎，是一種器質性病變，可以用內視鏡觀察到腸道的發炎部位。ＩＢＳ則是屬於功能性異常的腸胃疾病，醫生怎麼檢查都找不到問題，可是就是會反覆發作，慢性且持續，一般認為情緒和壓力是主要因素，和菌腦腸軸有密切關係。

腸癌發生率這幾年始終高居第一，很奇怪的是腸癌是成長很慢的癌症，隔幾年就做一次腸鏡，看到息肉就切除，稍有病變就治療，基本上絕對可以預防，不過話雖如此說，腸癌發生率還是持續上升，大家應該更重視這個問題。

遠端影響

腸道菌的失衡也會透過代謝循環、免疫內分泌，以及神經傳導，影響到全身器官組織，心、肝、脾、肺、腎、皮膚、骨骼等無一倖免。

腸道菌經由菌腦腸軸，更是會直接影響中樞神經，帶來的健康問題還真不少；記憶、躁鬱、認知能力、憂鬱沮喪、壓力，甚至更嚴重導致自閉症、妥瑞症、巴金森氏症、失智症等精神疾病，影響患者的人際與社會關係，林林總總一籮筐。

CHAPTER

4

帶來快樂的精神益生菌

一、什麼是精神益生菌？
二、開發精神益生菌的「領先選手群」
三、認識PS128
四、PS128的研發歷程
五、精神疾病的動物模式
六、為什麼PS128可以改變行為
七、PS128的臨床研究

菌腦腸軸研究清楚指出腸道菌和精神心理，甚至學習記憶有關。腸道菌成千上萬，哪些菌株會引發哪些效應，仍然混沌不清，不過，基於「只要腸道菌有參與，益生菌就有舞臺」的合理推論，當然就有可能開發出能夠改善精神心理，增進學習記憶的益生菌。

一、什麼是精神益生菌？

愛爾蘭科克大學的克蘭及狄蘭兩位教授，率先在二〇一三年提出「精神益生菌」（psychobiotics）的新名詞①，同時呼籲加速基礎研究，規劃大規模的臨床測試。

克蘭及狄蘭兩位教授給精神益生菌下的定義是：「一種活的微生物，當適量攝取時，對有精神心理疾病的病患，會有健康益處。」1

注意在他們的定義中，使用了病患、疾病等名詞，明顯的，他們策略上就是想將精神益生菌的位階拉高到醫藥層級。著名科技評論作家史密特先生在二

① 二〇一六年，兩位教授將psychobiotics重新定義為：「會影響菌腦連結的有益微生物或支持其生長的物質（益生元）。」新的定義將益生元（prebiotics）也納入定義範圍。不論益生菌及益生元，只要會影響「菌腦軸」，而且對精神健康有益，都將會被稱為Psychobiotics。

○一五年二月的《自然》期刊上所登，題為〈精神健康，由腸道思考〉的評論文章中，說精神益生菌可以「治療（treatment）焦慮、抑鬱，以及各種情緒障礙。」[2] treatment這個字，一般只用於醫藥，所以史密特先生還是承襲兩位教授的概念，將精神益生菌定位於醫藥層級。

說實話，雖然我認為精神益生菌在未來三五年，還只能停在食品的層次，不過基於我們這幾年的研究經驗，我相當同意精神益生菌絕對應該向醫藥去發展。

二、開發精神益生菌的「領先選手群」

二〇一七年底的《英國藥理學期刊》有一篇論文題目是：《在稻草堆找繡花針：精神益生菌的系統化鑑定》，意思是要開發精神益生菌就像大海撈針，很有難度[3]。確實如此，目前已經有論文發表，甚至有產品商業化的精神益生菌，真是少之又少。不過市場價值如此高的領域，不可能沒有競爭對手，我們是隨時密切注意戰場的風吹草動。

為了讓大家了解精神益生菌這五年的發展，我會先就領先群中的幾家企業以及研究團隊，介紹他們的精神益生菌菌株，產品以及研究。我力求客觀，不過實在很難避免參雜自己主觀的評論。

加拿大的Lallemand公司

這是加拿大魁北克的一家以生產麵包酵母為主的百年企業，一九九八年併購了老牌益生菌企業Rosell研究所，才將觸角伸入益生菌產業。Lallemand的產品Probio-Stick，為瑞士乳桿菌 Rosell-52和龍根雙歧桿菌 Rosell-175這兩株菌的組合。在二〇〇八年發表的一項在法國做的七十五位高生活壓力健康人的試驗中，服用三週Probio-Stick，在多項腸胃症狀中，僅腹痛及噁心獲得改善，其他生理和心理症狀皆無改善效果[4]。但是發表在二〇一一年的五十五位健康人的研究，確實在霍普金斯憂鬱症狀評估表之憂鬱及憤怒兩項指標有改善效果[5]。可惜的是，二〇一七年在紐西蘭進行的七十九位高壓力健康人的試驗中，此產品在多項精神心理狀態相關評估中，都完全得不到正面的效果。[6]綜合看起

② 人體臨床實驗的黃金標準，嚴謹度及可信度都最高。受測者被隨機分配到吃有活性的受測物的實驗組，或吃無活性的安慰劑的對照組，而且不但受測者不知道自己是被分配到實驗組或對照組，連負責評估受測者的第一線醫護人員或研究員也不知道，這叫雙盲。如果受測者沒有分組，大家都吃受測物，就叫做「開放性試驗」，其嚴謹度及可信度當然就遠不如RCT了。

來，Probio-stick的精神改善效果還需要更多臨床數據支持。

荷蘭的Winclove公司

Winclove是成立於一九九一年的一家益生菌專業公司，已經上市了許多不同功能的產品，其中強調精神健康的就是Ecologic® BARRIER。此產品包含六株乳酸桿菌，兩株雙歧桿菌。產品命名「BARRIER」，意思是「屏障」，也就是說他們認為只要提升腸道屏障，降低毒素入侵，就可有益精神健康。

二〇一五年荷蘭萊頓大學與Winclove一起做了一項RCT臨床試驗（隨機雙盲安慰劑控制試驗）②，找了四十位大學生，吃此產品四週，然後用萊頓憂鬱敏感性量表，評估他們的情緒狀態。結果發現，吃益生菌組的學生，對悲傷情緒的整體反應，明顯下降，特別是沉思和侵略性兩項。[7]

同樣在二〇一五年，該公司與瓦赫寧恩大學合作，找了二十七位偏頭痛患者，在不改變原有服藥習慣下，同時補充Ecologic® BARRIER十二週，結果偏頭痛每週發作平均次數由六點七次降到五點二次，達到統計上的顯著意義。[8]

這是一項開放性試驗（Open trial），不是RCT試驗，開放試驗雖然公信度較低，但較容易執行，還是有意義，特別是在還沒有把握時，先快速進行看看狀況，有顯著效果，才規劃公信力高的RCT試驗。

這個產品在動物試驗確實看到提升腸道屏障，降低毒素入侵的效果，不過二〇一六年，奧地利格拉茨醫科大學團隊找了八十位肝硬化病人做臨床研究，發現免疫功能確有改善，但失望的是腸道通透性卻沒有改善，也許找的這些病人，腸道屏障真的是太差了，就算補充益生菌也救不回來。[9]

整體來說，Ecologic® BARRIER在四十位健康大學生的RCT臨床試驗，明顯改善學生對悲傷情緒的整體反應，在二十七位偏頭痛患者的開放性試驗中，也可降低偏頭痛發作次數，稱得上是有臨床數據支持的精神益生菌產品。

愛爾蘭的Allimentary Health（AH）公司

這家公司是愛爾蘭科克大學克蘭及狄蘭兩位教授的團隊，在一九九九年成立，以微生物體醫療為研發重心。他們打出的口號是：「第三世代精準益生菌菌株，更精準地針對特定症狀。」

美國前總統歐巴馬當時提出了三項白宮計畫：腦科學（二〇一三年）、精準醫學（二〇一五年），以及微生物體（二〇一六年）。ＡＨ公司打出精準益生菌口號，就是希望結合精準醫學及微生物體醫療兩大熱門領域，創造益生菌的嶄新境界。克蘭及狄蘭兩位教授的研究團隊是菌腦腸軸與精神益生菌研究的開路先鋒，他們所創立的ＡＨ公司想當然的實力不可小覷。

ＡＨ公司承接了他們研發的幾株有名菌株，例如嬰兒雙歧桿菌35624，主打舒緩腸躁症症狀，授權給美國的寶潔公司（Ｐ＆Ｇ），並以Align®為商品名上市。同樣是科克大學的奎克連教授在二〇〇六年，發表這株菌對腸躁症臨床試驗效果極佳時，大家寄予厚望[10]，我們研究室甚至拿這株菌作為研究的正對照使用。但是，二〇一七年美國伊州大學的Ren教授[11]，以及北卡大學的Ringel教授[12]，分別發表針對這株菌對腸躁症臨床研究綜合評價的論文，結論竟然都是效果不彰。不過，在腸躁症的臨床研究上，向來安慰劑的效應不易排除，本來就不好做。

ＡＨ公司另外一株被寄予厚望的鼠李糖乳桿菌JB1，在多項壓力模式老鼠試驗中，顯示可調節憂鬱焦慮行為[13]，但是二〇一六年所發表的二十九位健康男性的試驗，卻對情緒、壓力、焦慮、睡眠都無顯著效果[14]。狄蘭教授是這篇論文的通訊作者，他下的論文題目「Lost in Translation」，意思是動物試驗的結果無法轉譯到人身上，充分表達出研究者的心情。

ＡＨ公司另一株精神益生菌是龍根雙歧桿菌1714，這株菌在動物試驗中顯示具改善焦慮以及認知功能之活性。二〇一六年發表了一項堪稱成功的臨床試驗，這研究不是標準的ＲＣＴ試驗，而是同一批人（二十二位健康男性），先吃四週安慰劑，再吃四週1714菌，在幾個時間點測腦波、唾液壓力荷爾蒙、認知力等。結果吃了四週1714菌後，受試者的壓力、認知、記憶等都有顯著改善[15]。他們發表的論文將這株菌稱作是Translational psychobiotic，轉譯精神菌，強調動物試驗結果漂亮地「轉譯」到人體試驗。

ＡＨ公司在二〇一八年推出1714菌的產品Zenflore，而且替1714菌取了個高雅的拉丁文名字，Serenitas，意思是安詳寧靜。

養樂多公司代田菌

代田菌是日本養樂多公司的王牌菌株。以這株菌發酵生產的稀釋發酵乳現在日銷三千五百萬瓶。

日本養樂多公司在二〇一六年，發表了一項針對德島大學醫學院學生考試壓力的研究，共招募了四十七位準備參加國家考試的醫學生，在考試前八週，每天喝含一千億代田菌的養樂多發酵乳（試驗組），或不含菌的安慰劑。研究者使用視覺類比量表，讓受測者自己評量自己的壓力，這是一條十公分的量尺，兩端畫上兩個臉譜，左邊為笑臉、右邊為哭臉，自由心證地在量尺上標出壓力自覺程度[16]。

用如此簡單的量表就可以評估有喝養樂多組的學生，自覺壓力指標果然比安慰劑組學生來得低，考試前一天所測唾液中的壓力荷爾蒙（cortisol）濃度，養樂多組學生也是比安慰劑組顯著的低。腸胃相關指標方面，就不必多說了，每一項都是養樂多組完勝安慰劑組。

日本朝日集團

朝日集團也在二〇一六年發表一株加氏乳桿菌CP2305，將CP2305熱殺後做成酸性飲料，然後做了幾項人體試驗，例如找一百一十八位每週排便次數少於四次或多於十次的健康人，喝含CP2305的飲料三週後，不但排便比安慰劑組改善，而且副交感神經活性也較高，所以研究者認為CP2305熱殺菌體確實有精神舒緩效果[17]。

另外一項也是與德島大學醫學院合作，找了正在修大體解剖的二十一位男同學，十一位女同學，喝CP2305飲料五週，結果有趣的是女同學的壓力症狀顯著改善，男同學則是睡眠狀況改善，男女明顯有別[18]。

CP2305的這幾篇論文都將這種熱殺死菌體稱為Paraprobiotics，是指益生菌的死菌體或破碎的菌體成分，我將之翻譯成「超益生菌」。超益生菌在市場的重要意義，就是可以做成不需冷藏的常溫型產品，在中國大陸或東南亞等冷鏈（冷藏設備）還不發達的地區，行銷更為方便。近幾年，中國大陸的常溫型發酵乳產品市場規模，就直追傳統的冷藏型產品。

杜邦—丹尼斯克公司

丹麥的丹尼斯克（Danisco）公司和科漢森（Chris-Hansen）公司堪稱全球領先的益生菌生產企業。丹尼斯克在二〇一一年被杜邦收購，成為杜邦集團發展最快速的部門。

丹尼斯克主打的菌株有NCFM、HN019、HN001、Bi-07等，其中特別要介紹的是鼠李糖乳桿菌HN001。二〇一七年，紐西蘭的奧克蘭大學及威靈頓大學團隊募集了四百二十三位產婦，從懷孕十四到十六週開始，一直到產後六個月間，每天補充六十億的HN001或安慰劑，然後看產後憂鬱症的發生比例。呈現有憂鬱症狀的產婦，HN001組有百分之十六點五，安慰劑組有百分之二十三點五，有焦鬱症狀的則是百分之十五點六及百分之二十九點四，效果確實是不錯[19]。依照國健署的統計，我國產後罹患憂鬱症的比例大約在百分之十以上，但絕大多數的患者都不會去就醫，這樣不但影響產婦的身心狀況，對新生兒的身心發展一定有很大影響。

益福公司的PS系列精神益生菌

前陣子，在首爾的國際學會演講完，有教授過來恭喜說PS128是第一株商業化的精神益生菌。PS128在二〇一五年底推出產品，先在臺灣市場精煉，二〇一八年開始進軍國際，說最早商業化，也真的是最早，然而上述的Ecologic® BARRIER、Zenflore等，都是由堅強的研發團隊所開發出的菌株，由深具國際行銷能力的企業開發成產品，都是領先群中的佼佼者。

我認為更重要的是，其他團隊都還在作壓力症候群、憂鬱或腸躁症等，而我們已經在自閉症、巴金森氏症、妥瑞症等精神疾病，累積不少研究數據，稱得上領先一大步吧，接下來我會介紹這株菌的研發。

三、認識 PS128

在深入談PS128研發、機能及運用之前，先綜合介紹PS128是怎麼樣的一株精神益生菌，為什麼我會深信它是來自上天的祝福。

ＰＳ，是psycho-（精神）的縮寫，但你知道嗎？ＰＳ更是基督教聖經詩篇（Psalm）的縮寫。詩篇一百二十八篇，短短一百二十四字，卻是聖經中，講福氣講得最精闢的一段。多年前，當這株菌被編號為128時，似乎就注定要成為傳遞祝福的一株菌。

PS128是分離自福菜的一株植物乳桿菌（*Lactobacillus plantarum*），為公認安全之食品可用菌，全基因序列分析看不到任何毒性基因，二十八天安全性試驗也顯示非常安全。

PS128具有極強力的免疫調節及抗發炎功效。在母子分離憂鬱小鼠模式中，PS128被確認具最佳之舒緩憂鬱行為效果，且能提升老鼠腦部多巴胺及血清素，降低血液中之壓力荷爾蒙。後續在腸躁症、妥瑞症、巴金森氏症等多種動物試驗中，都顯示極佳之行為改善效果。

PS128對壓力症候群、憂鬱、躁鬱、腸躁症、便祕、下痢、消化不良、妥瑞症、巴金森氏症等之舒緩改善效果，已獲得歐盟（十四國）、日本、臺灣、韓國、中國、美國等二十餘國之發明專利。

接著，我舉兩個使用PS128的案例，是這一個個的案例建立我的信心，支持我排除萬難，努力前衝。

(1)自閉症的義松

我住多倫多的大姊的長女田詠生，她的兒子義松是非語言溝通自閉症患者。四年前，詠生由家族臉書訊息知道我研發的精神菌PS128會提升大腦多巴胺，義松的治療師所建議的各種療程，都是希望提升多巴胺，因此詠生問我可否讓義松服用PS128，雖然還在研發階段，不過因為是食品可用菌，安全無虞，就請大姊帶些菌粉去多倫多，於是義松成了PS128第一號忠實使用者。

詠生很快回話過來：「第一次服用十五分鐘後，義松就用簡單的語詞和我對話！」

當時我對她說：「絕對不可能，我是益生菌專家，十五分鐘，還沒通過胃耶！一定是妳這做母親的幻想。」現在回想起來，我真是後知後覺，十五分鐘就有反應，不就代表PS128會直接作用在腸道神經系統嗎？

我會將詠生最近寫的文章翻成中文，放在附錄，詠生在文章裡說：「It is a blessing and you are changing lives, especially mine.」這句話令我感恩不盡，這項研究確實將給眾人帶來祝福。

(2)巴金森氏症的何先生

另外一位令我感動的案例，是巴金森氏症患者何先生和他相伴三十餘年的同性伴侶王先生，從何先生巴金森氏症發病以來，身為照顧者的王先生陪伴身側悉心照料，更巨細無遺地記錄他病情的進展，他寫道：「看著你佝僂且步履蹣跚的背影，真是心痛又心酸。」

何先生從二〇一七年三月十一日開始使用PS128，以下摘自王先生細心的紀錄：「使用一週後，兩手顫抖狀況變得較不明顯」；「使用四週後，單手端碗公吃大腸麵線，幾乎看不出雙手顫抖」；「使用近八個月，神經內科醫師觀察何先生走進診間的狀態，主動建議停用藥物」。

巴金森氏症和自閉症一樣，都和腦部多巴胺有關，我舉出何先生案例，為了是要強調主要照護者的重要。和上述義松十五分鐘見效不同，何先生在服用前一個月，效果其實還不是非常明顯，而且患者本人有些排斥，如果不是照顧他的伴侶細心觀察，記錄下任何細微的改進，時時鼓勵，大概就不會有八個月後，連醫生都建議他停藥的結果。

王先生最後寫道：「他的進步連朋友和家人都看得見，他在美國的長子也決定讓有過動症的長孫一起使用！」

幾個月前，我在臺大演講，也邀請何先生上臺，他說：「一年多前步履蹣跚的我，現在竟然可以站在這裡，而且還可以這樣……」接著竟然就由臺上跳下來，臺子不很高，但也是可喜的成果。

我大女兒有一天問我說：「老爸，你最近沒吃PS128嗎？」「對耶，妳怎麼知道？」「我覺得你又開始散發出緊張情緒，害我都不想坐你旁邊。」

這就是PS128！在經濟部科專計劃支持下，孕育自陽明大學的精神益生菌。

四、PS128的研發歷程

「怎麼會想到要開發精神益生菌？」

其實菌腦腸軸的概念，在科學界瀰漫已經至少十年，我也早早就想做了，我知道這項研究所費不貲，所以，一開始就打定主意一定要申請每年千萬起跳的經濟部學界科專計畫。

要通過科專計畫談何容易，所設計的研究策略，一定要有相當的成功把握，如果失敗了，難免灰頭土臉。其實，只要確認研究方向正確，未來的產業價值也千真萬確，要做的就是盡我所能的設計策略，撰寫計畫，然後交在神的手中。天助自助，計畫過關斬將，如願通過，然後研究室動員了起來，事情也水到渠成。

能夠成功在短短三年，開發出如此有效的精神益生菌，關鍵就在菌種庫與篩選策略。

菌種庫是基礎

我投入益生菌研究十餘年，最自豪的就是建立了保存有千餘株乳酸菌的菌種庫，不但數量多，而且品質精，是數十年的心血結晶。菌種庫的每一株菌，都經過確認其屬名種名，反覆確認沒有汙染，妥慎編號，保存在零下八十度冷凍庫，只有經過充分訓練的特定人員才能夠接觸。

我們先由植物乳酸菌開始收集，因為認為植物生態系比較複雜，容易分離，更有機會得到千奇百怪、功能特殊的菌株。有些益生菌廠商會說植物來源的菌不會定殖在腸道，所以不會有效。這是很外行的說法，即使不會定殖，還是會產生功效，會不會定殖，和會不會有效是兩回事。

當年我和研究員趙秀慧博士，帶著學生跑遍各地，收集各種樣本，只要認為有可能分離到有趣的乳酸菌，我們都不辭辛苦，就是要入手。

仙草採收曝晒後，要「堆」個一年半載，這段過程可能會有乳酸菌的發酵，我們一聽說，馬上帶著學生跑遍臺南關西採樣，結果是分離不到有趣的菌，失敗收場。我們聽說愛玉果成熟前，會讓愛玉小蜂鑽入授粉、小蜂鑽進去一定會帶入乳酸菌，愛玉果內的營養環境一定會讓侵入的乳酸菌生長。同樣走訪臺南山區，採集已經授粉的愛玉果，試圖分離內部的乳酸菌，結果又是失敗收場。

失敗的例子多得很，研究就是這樣，失敗總是多於成功。

不過臭豆腐、福菜、臺式泡菜、黑豆蔭油、綠豆篁等的研究，就真稱得上大豐收。我們研究臭豆腐的菌，研究出名氣，被媒體形容成「臭名遠播，臺灣之光」。我們在苗栗臭豆腐工廠採樣，那一池滷汁發酵池，連續發酵半世紀，真是菌種寶庫，浸淫研究了幾年，發表了一株以臭命名的新菌種（*Lactobacillus odoratitofui* sp. nov.）[20]。

福菜，也真如其名，是微生物的福山寶地。福菜製作是把酸菜加入大量食鹽，入缸，封口後，倒置發酵。高鹽又近乎絕對無氧，如此奇特的發酵方式，當然孕育出許多特殊的菌株[21]。

我現在手上最重要的快樂益生菌PS128，就是由客家福菜分離得到。有人會問說，那我何必去買PS128產品來吃，我吃福菜就可以了吧？別傻了，PS128在福菜中非常稀少，你即使吃上噸的福菜，還不一定吃得到足量的PS128，心情沒改善，血壓先爆了表。

人體的乳酸菌當然也必須收集。健康幼童的糞便是重要分離源。當然也可以用內視鏡進入腸道內採樣出來分菌，有人認為這麼做才能拿到原來就住在腸道內，真正的原生菌。其實新鮮糞便的菌，相當能夠反映腸道內的菌相，而且，我相信做一百個糞便，遠比做少數幾個腸道內視鏡樣本，更能分離到多種多樣的乳酸菌。

我的菌種庫最特別的是那數百株的母乳分離菌[22]，老派的營養學家認為母乳是嬰兒最純淨的食物，一定是無菌，如果有菌，一定是汙染菌，一定是不好的菌。所以牛乳必須經過低溫殺菌，殺滅汙染菌後才能販賣。其實母乳含有豐富的好菌，能幫助嬰兒，快速建立健康的腸道菌相。母乳中豐富的寡糖，則能夠更進一步促進這些好菌，在嬰兒腸道中快速生長。所以，母親們，除非萬不得已，請餵母乳吧，把最好的給孩子。

我非常以我們的菌種庫自豪，菌株分離鑑定保存等工作，非常枯燥無味，特別要感謝趙秀慧博士、許智捷博士、鍾明娟、鄭昀芳等團隊成員，多年來的盡心盡力。

篩選是藝術

經常有人問：「你究竟如何找到這株神奇的快樂菌PS128？」「你怎麼知道要從福菜中去找？」

這就是篩選的功夫。

篩選是從大數目對象中，好像過篩網一樣，設計組合各種方法，挑選出合乎需求的對象。篩選策略的設計要有層次，要重效率，但是有時也要看得開，知道設定停損點，何時該承認篩選失敗。

篩選的精義，其實就是一個「信念」，相信想篩的目標一定存在，相信所設計的策略，在這個階段一定是最好的，然後埋頭下去做就是了。

「怎麼知道要由福菜中去找？」我完全不知道會從福菜、臭豆腐、母乳或糞便中找到我要的菌株。分離菌株時，我只思考如何分離到性狀差異最大，種類最多的乳酸菌。然後再依循所設計的篩選流程，埋著頭，一株株地篩下去。篩選就是這樣，重要的是後面的篩選功夫，菌株來源並不重要。

你懂了吧，不是刻意由福菜去篩選，而是由菌種庫千餘株菌去篩選，脫穎而出，然後回頭去看分離來源，我們菌種庫的菌株身分證都清清楚楚，啊！是由福菜分離的，好彩頭，很有故事性。

「究竟如何找到PS128？」

這是整體的核心，也就是問我的篩選策略。其實可用的策略，沒太多選擇。篩選精神益生菌，沒有適當的細胞模式（較快速），我們只好直接用動物模式做篩選（不但慢，還要犧牲動物生命）。下一節會來說明我們所用的動物模式。

PS128快樂菌早在十年前，在做免疫調節及抗發炎篩選時，就被挑了出來。開始執行精神菌篩選時，想當然的，這株菌最早被選入精神效果的測試，在早期憂鬱小鼠模式中，它名列前茅，在妥瑞氏大鼠模式中，它又名列前茅，在腸躁症以及後期的巴金森氏症模式中，它的效果果然又是名列前茅，多項動物試驗造就了我們研究室的這顆閃亮明星。

PS128經過鑑定為植物乳桿菌，有人問我為什麼找植物乳桿菌，我說不是我刻意去找植物乳桿菌，而是經過一定程序的篩選，得到一株最佳菌株，經鑑定後，確認是植物乳桿菌。

這就是篩選，放空，依照擬定的策略去走。

五、精神疾病的動物模式

我們的開發工作從憂鬱症老鼠模式開始，在獲得幾株潛力精神益生菌株後，才用較困難的腸躁症模式，去研究這幾株菌株的腸躁症狀舒緩效果。當我們知道PS128能夠調節大腦多巴胺及血清素時，才趕快去建立與多巴胺相關疾病，如巴金森氏症、自閉症、妥瑞症等的動物模式。

這一節我要以PS128為範例，說明三種精神疾病動物模式。現在反動物實驗的呼聲甚高，我最近有一次去香港演講，主辦單位竟然要求我不要講任何動物實驗研究。請不要盲目地反對動物實驗，我們在做動物實驗時，均遵守「動物實驗的4R守則」，以嚴謹的心態進行。

執行動物實驗的4R守則

本世紀幾乎所有醫學進展皆依賴動物實驗，動物實驗無可避免，我們能做的就是嚴格遵守動物實驗倫理法規，以保障動物福祉。

依照我國「動物保護法」，每一個進行動物科學應用之機構，依法都應組成實驗動物照護及使用委員會，執行該機構內之動物實驗人道管理，審查研究人員所提出動物實驗研究規劃，是否符合下述實驗動物保護的4R原則。

1.減量（Reduction）：細心設計實驗，減少使用動物的數目與頻度。

2.替代（Replacement）：構思是否可以其他試驗方式替代活體動物，儘量少使用實驗動物。

3. 精緻（Refinement）：在過程中儘量減少動物所承受的痛苦及疼痛。

4. 負責（Responsibility）：進行動物實驗，不光是要對動物負責，也應對社會期待負責。因此必需尊重生命，以同理心對待所有實驗動物。

4R原則是進行動物實驗的共通道德標準，管理者以及研究者除切實遵守法規外，更為重要的是需對實驗動物抱持著感激與尊重的心態。

憂鬱模式[23][24]

如何讓老鼠憂鬱呢？有許多方法，例如臺北榮總精神科的洪成志醫師，用的方法叫「習得無助法」。每天早上將老鼠用膠帶固定，用很低的電流，連續刺激六小時，幾個星期後，就會有超過一半的老鼠表現「類憂鬱」症狀。

我們研究室常用的方法叫「母子分離法」，又叫「早期生活壓力法」。小老鼠生出第二天到第十四天，每天讓幼鼠和母鼠分開三小時，這樣的小鼠長大後，很高比例就呈現憂鬱傾向。另一種常用模式是慢性壓力模式，每天注射低劑量的壓力荷爾蒙皮質酮（corticosterone），連續注射三週，老鼠就憂鬱了。

母子分離法是生命早期壓力，注射壓力荷爾蒙就是模擬慢性生活壓力。

實驗是這樣做的，先用母子分離等方法讓老鼠產生憂鬱症狀，然後餵食各種益生菌。幾個星期後，使用下述各種評估方法，評估老鼠的憂鬱、躁鬱程度，再和沒有餵食益生菌的控制組比較，就可以知道各種益生菌精神效果的高低強弱。

憂鬱、躁鬱程度評估方法：

(1)**強迫游泳法：**將老鼠放進標準規格，裝有一定溫度清水的玻璃圓筒中，錄影記錄老鼠靜止及游泳掙扎的時間。

你可以想像憂鬱的老鼠一定比較沒有求

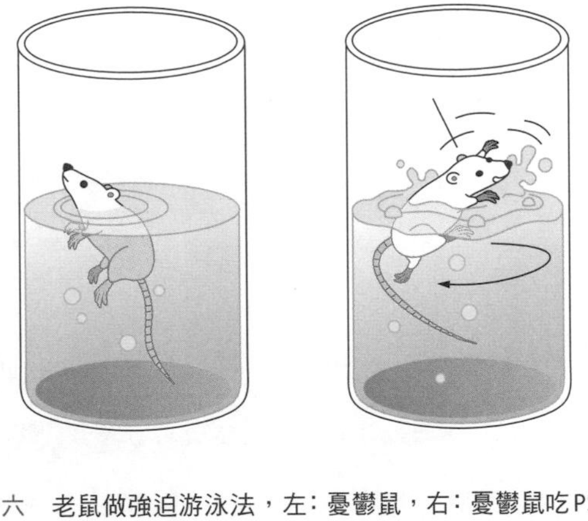

·圖十六　老鼠做強迫游泳法，左：憂鬱鼠，右：憂鬱鼠吃PS128後

生意念，不想努力、不想掙扎，所以靜止的時間可以代表老鼠的憂鬱程度。

(2)**曠野試驗**：讓老鼠在一個三百乘以四百公分的箱子內跑動，全程錄影記錄。憂鬱老鼠跑得慢，而且只會在邊緣跑動，正常老鼠跑得快，比較會跑到中間區域來。所以移動距離、待在中間的時間、進入中間的次數，都是評估憂鬱程度的指標。

(3)**高架十字迷宮**：為一個高約六十公分的十字

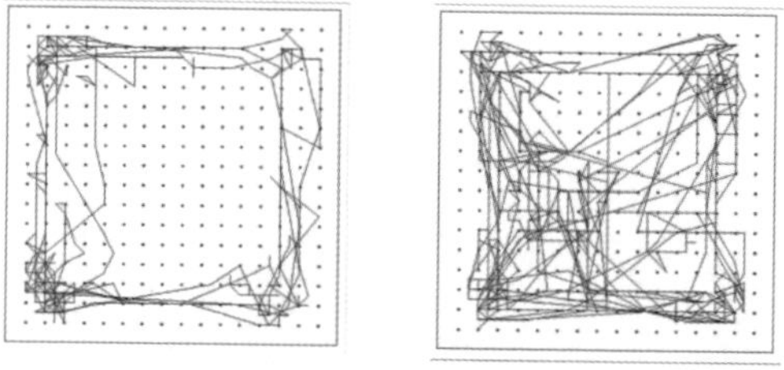

· 圖十七　老鼠在曠野試驗中的移動軌跡圖，左：憂鬱鼠，右：憂鬱鼠吃PS128後

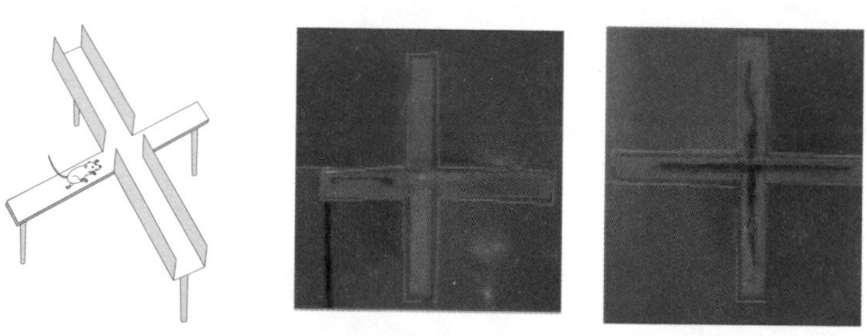

· 圖十八　老鼠在高架十字迷宮之軌跡圖，中：憂鬱鼠，右：憂鬱鼠吃PS128

型檯子，左右兩臂是有牆壁的封閉臂，上下兩臂是沒牆壁的開放臂。將老鼠置放其中，憂鬱老鼠傾向於躲在封閉臂，不喜歡出來到開放臂。

(4)**糖水喜好性試驗**：老鼠喜歡喝糖水，給它普通水和糖水，一定是糖水喝得多，憂鬱老鼠會失去這種喜好，喝糖水比例會降低。

母子分離憂鬱老鼠在餵食PS128數週後，憂鬱程度很明顯地降低，在強迫游泳試驗中，會更努力掙扎游泳；在曠野試驗中，不但跑得快，還經常跑到中間區域；在高架十字迷宮試驗，完全不在乎有沒有牆壁，到處遊走；當然，喜歡喝糖水的習性也恢復了。

腸躁模式

腸躁症基本上是內臟過度敏感，導致比一般人更難忍受腸道的問題，例如腸氣稍微多了些，就會痛得不得了。讓老鼠產生腸躁症狀的方法很多，我們是和陽明腦科所盧俊良教授合作，採用他發表的方法。盧教授的獨門祕招是給老鼠注射一種會誘發內臟過度敏感的藥劑（5-HTP），然後從肛門塞進小氣球，充氣擴張，誘發疼痛感。有注射5-HTP誘發內臟過度敏感的老鼠，做氣球擴張時，會感到特別痛。

大腦的杏仁核中，有兩種調控痛覺的蛋白質——GR及MR，如〈圖十九〉，當給老鼠注射HTP，再做氣球擴張，誘發疼痛時，像蹺蹺板般，GR會變少，MR則變多。

有趣的是，餵食PS128的老鼠相較於只餵食鹽水的老鼠，內臟過度敏感的現象大為舒緩，同樣做氣球擴張，也比較不會痛，GR及MR的量回復到竟然和正常老鼠差不多，也就是說痛的神經訊號被減緩了。

杏仁核有情緒中樞之稱，是情緒和記憶總管，也是情緒記憶的專家，人腦的杏仁核比任何靈長類都大，也就是說，人類對外在壓

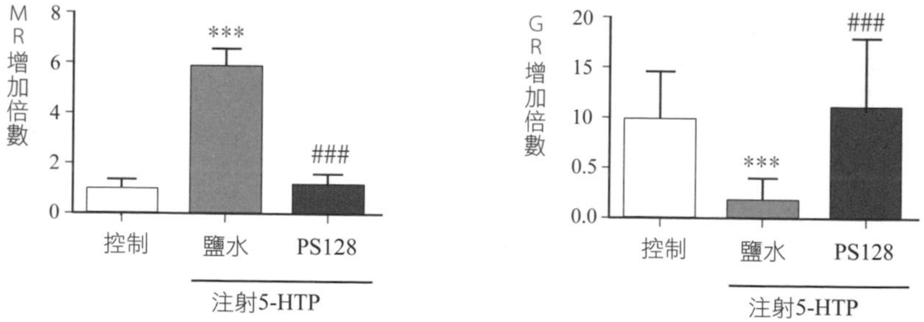

・圖十九　老鼠做腸躁模式MR/GR的增加倍數，左：MR，右：GR

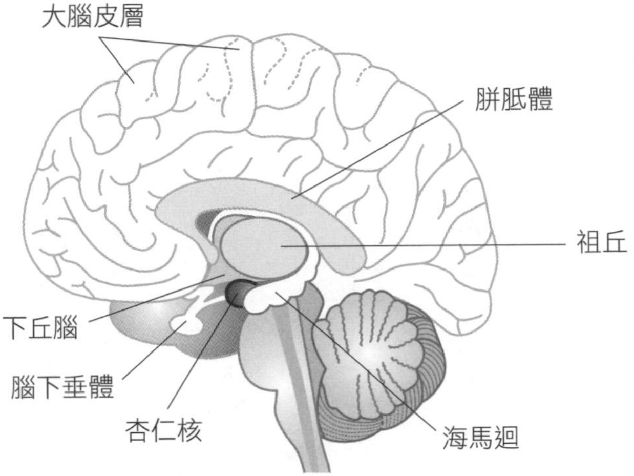

· 圖二十　大腦構造—杏仁核

力引發的情緒反應特別強。腸躁症就是一種對外在壓力的過度反應，要上臺演講了、要考試了，情緒中樞（杏仁核）過度反應，以GR、MR為代表的一連串蛋白質輪番變化，導致肚子痛、冒冷汗，腦子裡一片空白。

我們這個研究雖然是針對腸躁症，然而更重要的意義是，清楚證明PS128吃進肚子裡，能夠影響大腦情緒中樞中許多重要蛋白質的變化，讓你情緒穩定、疼痛舒緩，冷靜面對環境壓力。

巴金森氏症

在大腦深部，有一小塊稱作黑質的區域內，聚集了數十萬會製造多巴胺的神經元，當這些神經元因為各種原因萎縮壞死，大腦多巴胺濃度降低時，就會引發顫抖、動作緩慢不協調等巴金森氏症症狀。

我們研究室會對老鼠注射一種神經毒MPTP，以誘發巴金森氏症症狀，這種藥能夠很高特異性地殺掉黑質內的多巴胺神經元，但又不會影響到其他神經元。連續注射幾天後，老鼠呈現典型的巴金森氏症症狀；行動顛顛簸簸、四肢不平衡、尾巴舉不起來。

巴金森氏症程度評估方法：

(1) **大腦黑質切片特殊染色：**我們對大腦黑質切片做特殊染色，〈圖二十一〉的每一個亮點代表一個活的多巴胺神經元，注射幾天MPTP後，神經元數目少了一半，怪不得老鼠會呈現巴金森氏症症狀。餵食PS128的老鼠，即使同樣注射MPTP，神經元數目幾乎沒有減少。

(2)窄桿測試：窄桿測試是讓老鼠走過長一百公分的高架窄橫桿，正常老鼠不到十秒鐘就通過，巴金森氏症鼠因為四肢不平衡、尾巴下垂、顛顛簸簸，需要三十秒以上才通得過；餵食左旋多巴（抗巴金森氏症用藥）的老鼠雖然四肢平衡性仍然欠佳，依然跌跌撞撞，但是能夠在十五秒左右就通過，速度加快許多；PS128鼠則行動完全正常，尾巴高舉，但是卻要花上二十秒才能通過；因為餵食PS128，讓老鼠好奇心增加，東看西看的探索行為變多了，所以比左旋多巴鼠多花了許多時間。

多點好奇心、多點探索心、多喝點糖水（我的意思是多點喜好），活到老學到老，懂得欣賞路邊小花。PS128鼠多花的這幾秒鐘，也許就是PS128的醍醐味。

・圖二十一　大腦黑質之多巴胺神經元染色：左：正常鼠，中：MPTP處理鼠，右：MPTP處理鼠吃PS128

最後再強調，PS128在這三種模式中都是效果最強的那少數幾株。我們的菌種庫中，有近兩百株和PS128同種的植物乳桿菌，只有PS128在各種動物模式中，表現顯著的症狀改善效果，記不記得我在前面有提過，開發精神益生菌就像在稻草堆中找繡花針，千萬不要以為只要是植物乳桿菌，都有精神改善效果。

六、為什麼PS128可以改變行為

PS128為什麼可以改變憂鬱老鼠的憂鬱行為，不再躲在封閉區域，在水裡願意努力游泳？為什麼可以讓巴金森氏老鼠四肢恢復平衡，還有餘裕東看西看？為什麼吃了PS128覺得神清氣爽？為什麼有自閉傾向孩童吃了以後，學校老師就打電話問家長，孩子不同了，怎麼回事？

為了要回答這個問題，我們每回做完動物實驗，將老鼠犧牲後，都會摘取臟器組織，裡裡外外，將能分析的項目盡量全部分析。經過數十次不同模式的動物實驗，歸納出的答案是，PS128能夠顯著地提升大腦前額葉皮層的多巴胺以及血清素濃度，降低血清中的壓力荷爾蒙皮質酮，在人體是皮質醇（cortisol）的濃度。

多巴胺、血清素和皮質醇，就是這三種生理物質的變化，最能夠彰顯PS128的精神調節效果。

多巴胺和血清素與各種神經精神疾病關係太深、太有趣，我在第二章已有討論。這裡我要多花些篇幅說明與精神壓力相關的重要生理指標——壓力荷爾蒙皮質醇。

面對壓力的生理反應

在我們的憂鬱老鼠實驗中，憂鬱老鼠經常處於緊張狀態，血清皮質酮（壓力荷爾蒙）濃度遠比正常老鼠高，餵食PS128則可以明顯地降低皮質酮濃度，舒緩慢性壓力生理狀態。

身體面對外界壓力時的生理反應，主要是由下視丘—腦下垂體—腎上腺軸（簡稱HPA軸）所調控。簡單地說，當大腦感知壓力時，下視丘分泌出皮質釋素（CRH），CRH促使腦下垂體分泌促皮質素（ACTH），ACTH經由血液送到腎上腺，促使腎上腺分泌出皮質醇，然後引發一系列稱為「戰鬥或逃跑」（fight or flight）的生理反應，來應對外來的壓力狀況。

講來輕描淡寫，其實HPA軸對物種的存續非常重要，精神壓力可不只來自於考試、人際、工作，還包括物競天擇的壓力，弱肉強食的壓力。沒有HPA軸，斑馬遇到獅子，只能坐以待斃。

當我們面對外界壓力時，壓力訊號經由HPA軸放大，傳到腎上腺，分泌皮質醇，幫助我們將全身資源和能量緊急調動起來；增加心肺活動、加快血流速度、抑制腸胃活動，使得我們身體細胞中的能量都用來戰鬥或者逃跑。

當危機解除，壓力過去了，皮質醇轉而回饋抑制CRH和ACTH的分泌，降低HPA軸活性，讓身體回到壓力之前的正常狀態。

慢性壓力成為健康頭號殺手

為什麼斑馬不會得胃潰瘍？斑馬遇到獅子，皮質醇飆高，全身能量動員，啟動逃跑機制；成功逃脫了，啟動回饋抑制，HPA軸活性降低，皮質醇濃度恢復正常，斑馬繼續吃草。

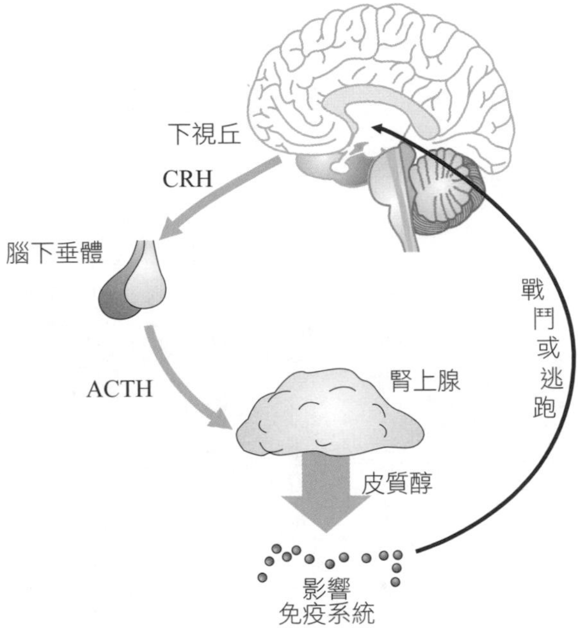

·圖二十二　壓力反應

很可惜，我們不是斑馬，我們就是無法如此順利的舒解壓力，無法和上司戰鬥，無法從工作脫逃，忍氣吞聲，長期下來，HPA軸的回饋抑制失靈了；皮質醇持續偏高，壓不下來，身體一直處於戰鬥或逃跑的緊繃狀態，放鬆不了。

皮質醇原本是設計來幫助我們應付危機壓力的，在現代高壓社會，卻被稱為是「公眾健康頭號殺手」，舉凡疲勞、失眠、肥胖、憂鬱、骨質疏鬆、內分泌失調、高血壓、糖尿病、心血管疾病、癌症及免疫失調等現代人常見的慢性疾病，都和壓力難以舒緩，皮質醇長期偏高直接相關。

早在一九三六年，加拿大麥基爾大學的漢斯・塞利（Hans Selye）教授，就提出好壓力（eustress）和壞壓力（distress）的理論。好壓力是當任務清楚，挑戰具體時的身心激奮狀態，是抓住當下（seize the day）的感覺，任務完成，皮質醇就恢復正常水平。當狀態不明確，任務不清楚的狀況下，所產生的壓力，就稱為壞壓力，心情焦躁不安，皮質醇始終得不到宣洩，慢性壓力對身心造成的慢性傷害，就逐日累積。

PS128降低血液壓力荷爾蒙

現代人離不開壓力，我常說要有適當壓力，精神才能專注，潛能才能發揮，PS128幫我們由腸道拆解壓力源頭，幫助取好壓力之利，避壞壓力之害。我認為PS128降低血液壓力荷爾蒙，舒緩壓力反應的功效，重要性不下於提升多巴胺與血清素。它讓我們能夠與壓力共處，一方面能因壓力激發工作效率，一方面又降低壓力對身心之伐害。

動物實驗結果顯示，PS128的生理機能確實非常多樣化，對免疫、內分泌、代謝等重要生理系統都有顯著調控功能，不過，我認為對多巴胺，血清素，以及皮質醇等三項神經調節物質之影響，最為重要。

有人會問我為什麼PS128對憂鬱、失眠、自閉、妥瑞、巴金森氏、腸躁，甚至便祕等，都有舒緩效果，怎可能如此三頭六臂，十項全能，答案就是它能調控多巴胺，血清素，以及皮質醇，而這三種生理因子參與太多身體的生理機制。

七、PS128的臨床研究

PS128是以一般食品上市，為什麼要做人體試驗？首先，動物實驗雖然可以得到許多重要的資訊，不過動物終究不是人類，動物實驗的結果在人體不一定能呈現同樣程度的效果，姑且不論PS128是食品或藥品，總是人要吃的，不是老鼠要吃的，有了人體試驗數據，我更能有十足把握將它推薦給大家，進軍國際市場，才能取信於國際客戶。

臨床研究的規矩

所有的研究，只要是和人有關，都必須送各單位的人體試驗委員會審查。審查內容包括執行方法、風險、損害補償等，用意是要確保受試者的權益及安全。

招募受試者時，研究人員必須對受試者詳細解說試驗目的及內容，會帶來什麼不便，可能的不良反應等，必須給予充分時間考慮，且毫無保留地回答所有問題，必須讓受試者在出於自願之下簽署受試者同意書。一連串的幾個必須，都在強調研究人員必須遵守規則，保障受試者的權益。

PS128臨床研究規劃

我把PS128正在進行中的臨床案整理成表，綜合說明，這些研究案大都是最嚴謹的RCT設計，隨機雙盲，安慰劑控制，不過因為RCT試驗曠日廢時，花費又大，所以有時我們會採取較簡單的開放性試驗，不分組，沒有安慰劑，全部吃PS128，開放性試驗人數少些，執行起來容易許多。

兒童神經發展疾病最常見的就是自閉症。我們已經完成了與宇寧診所合作的七十二位七到十五歲自閉症男童案，下一章會詳細說明。第二案是與臺北馬偕醫院合作的二點五到七歲自閉症孩童，預定收兩百位孩童，已經開始收案。第三案是與哈佛大學及麻州總醫院合作，會運用到哈佛大學先進的腦造影技術。

我們也與臺大兒童醫院小兒神經科主任李旺祚教授合作做妥瑞症，預定收八十位病童。過去從來沒有將益生菌用在妥瑞症上的研究論文，不論是動物實驗或人體臨床研究，我們都是先發首創。

為什麼想到做妥瑞症？是因為妥瑞症的發病和多巴胺大有關係，而我們的PS128可以調控大腦多巴胺代謝。而且，自閉症孩童經常會併發妥瑞症，我們在進行自閉症臨床研究時，觀察到PS128對妥瑞症的抽動症狀改善非常有效，經常是自閉症症狀還沒改善，抽動就先改善了。

在神經退化性疾病方面，因為巴金森氏症的發病機制與大腦多巴胺濃度密切相關，我周遭又有許多巴金森氏症朋友因為PS128，病情明顯改善，所以巴金森氏症早就是我的頭號目標。

我們正和前林口長庚醫院神經內科主任——陸清松醫師合作進行兩項巴金

森氏症臨床研究案。陸醫師的團隊執行臨床研究案的經驗非常豐富，我們希望這兩個案子很快就會有結果。

PS128是利用各種憂鬱症老鼠模式所篩選得到，所以我們也與高雄凱旋醫院合作，探討PS128對住院重度憂鬱症病人的效果。

因為歐盟管理食品的食品安全局（EFSA）強烈建議，健康食品須以健康人為試驗對象，所以我們也正進行與馬偕醫院合作的臨床護理師案，以及與陽明大學合作的睡眠改善案等兩項以健康族群為對象的臨床研究案。

表：PS128執行中的臨床研究

研究項目	合作單位
1.自閉症，七到十五歲（RCT）	宇寧診所
2.自閉症，三到七歲（RCT）	馬偕醫院
3.自閉症（RCT）	麻省總醫院，哈佛大學
4.妥瑞症（RCT）	臺大兒童醫院
5.巴金森氏症I（開放性）	陸清松診所
6.巴金森氏症II（RCT）	陸清松診所
7.重度憂鬱症住院病人（RCT）	高雄凱旋醫院
8.護理師壓力舒緩（RCT）	馬偕醫院
9.睡眠（RCT）	陽明大學

CHAPTER

5

腸道菌與自閉症

一、什麼是自閉症

二、腸道菌異常與自閉症的關係

我大嫂是高雄玉成幼稚園的園長，春節返鄉，與她聊到我們正在進行臨床研究，探討益生菌對自閉症之效果，她提到近幾年幼稚園有自閉傾向的小朋友明顯增多，每學期都有幾位入學，大嫂還激動地說：「竟然有家長就是硬不承認自己的孩子可能有自閉傾向，拒絕讓特教老師介入協助。」

我可以理解家長不希望孩子被貼上自閉兒的標籤，我也可以理解自閉兒家長承受沉重的壓力，真是神的帶領，讓我結識了自閉症頂尖專家吳佑佑醫師，立刻開始規劃精神益生菌與自閉症的臨床實驗。自閉症臨床研究案已經完成，論文也行將發表。這一章我將要介紹腸道菌與自閉症的關係，先給你一些自閉症的基本知識。

一、什麼是自閉症？

自閉症是一種早發型的兒童神經精神發展疾患，孩子會在一歲多就開始出現缺乏社交互動、溝通能力障礙，及重複固執性行為等核心特徵。自閉症的孩子不能正常地跟社會進行互動和交流，他們活在自己封閉的世界裡，所以常被稱為「星星兒」，他們住在星星上，和地球人不容易溝通。

自閉症（autism），現在改名為autism spectrum disorder（ASD），譯名不太統一，包括自閉症類群、自閉症譜系障礙、泛自閉症等。加了「spectrum」這個字，代表自閉症的多樣性，每個病童症狀都不一樣，那麼，臨床上，要如何診斷孩子是不是自閉症呢？更重要的是，要如何及早知道自己孩子有可能是自閉症患者呢？因為許多研究都顯示，越早進行治療，越能減輕自閉症孩童的症狀發展。

臨床上，「自閉症診斷性觀察」（ADOS）及「自閉症診斷會談」（ADI-R）是被公認用來確診自閉症的兩種量表，這兩種量表都必須由受過嚴格訓練的醫護人員來進行評估。

一般的家長們，如何早早判斷自己的孩子是不是應該去找專業人員做評估呢？首先請記得自閉症的三項核心特徵：「社交互動、溝通能力障礙，及重複固執性行為」，然後就是多觀察，別拖延。

如果你家孩子過了兩歲，就是覺得不對勁，不喜歡和其他孩子玩，不太會講話，不太利用眼神手勢表達情緒，有重複刻板的動作等，我建議你，不要逃避，快快帶孩子去醫院吧。就想像成是抱孩子去打預防針吧！

現在較大型的醫院，幾乎都有兒童發展評估療育中心（早療中心），都有極專業的醫師給你專業的建議。

自閉症寂靜大流行

不錯，自閉症確實是最難纏的病，不但沒有有效的治療方法，甚至連成因都還難以解釋。更麻煩的是，盛行率越來越高。依照二〇一八年四月，美國疾病管制局（CDC）公布新的自閉症盛行率，每五十九位八歲兒童就有一位罹患自閉症（1/59）。不到十年間，美國學童自閉症罹患率就由百分之零點六十七，攀升到現在的百分之一點七，高到已經開始被醫界稱做是「全球自閉症寂靜大流行」，連美國國會都必須舉辦聽證會討論對策。

幾乎每個國家的盛行率都超過百分之一，全世界患者將近七千萬人，絕對稱得上是全球大流行，之所以強調寂靜，我想是因為上述那種不願面對現實，不願帶孩子去做評估的家長，還真是不少。

那臺灣呢？根據我國衛生福利部的統計資料顯示，自閉症患者的人口數在二〇一六年共有一萬三千四百七十六人。可是如果照全球盛行率平均為百分之一來算，臺灣沒有二十萬，至少也應該有三萬五萬，你要相信健保資料領殘障手冊的數字，還是接受WHO說的自閉症寂靜大流行呢？

CDC強調，自閉症越早治療越好，現在因為科技的進步，使得自閉症已經可以在兩到三歲左右就被確診，但是到二〇一八年的現在，大部分的

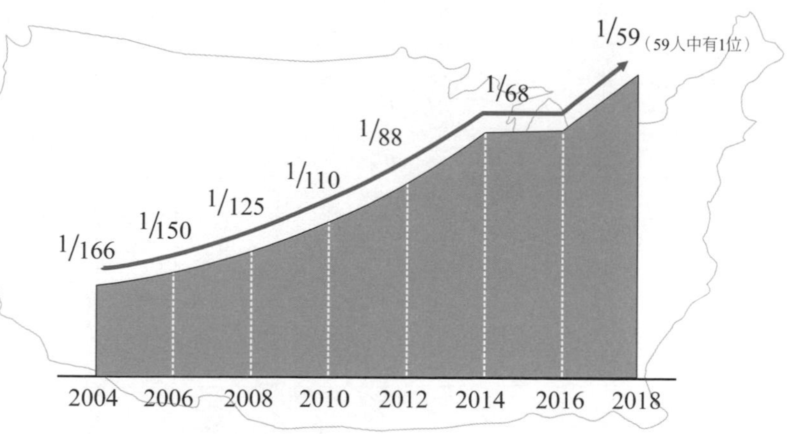

·圖二十三　美國兒童自閉症盛行率

兒童還是在四歲以後才被確診，表示對家長的宣導真還有待加強。

ＣＤＣ還沉重地呼籲，要重視成人自閉症問題。在美國，每年有大約五萬以上的自閉症病患，離開學校的教育體系，這些星星成人，並沒得到足夠的照顧支持，目前可說是自生自滅。

聯合國自二〇〇八年起，訂定每年的四月二日為「世界自閉症關懷日」，全世界最大的自閉症組織，美國的「自閉症說話」（Autism Speaks）發起點亮藍燈（Light it up blue）的運動，打出的口號是：「更多的理解，更多的接受」，我太喜歡這個口號了！要響應這個活動，可以在四月二日這天，穿上藍色衣服，或者將臉書相片框上藍框等，對每位朋友說：「我關心自閉症。」

自閉症成因，非單一原因

二〇一五年十一月世界精神科大會在臺北市國際會議中心舉行，我邀請了加州大學相當知名的華裔教授蕭夷年博士回臺，在大會發表她對自閉症所做的研究，同時也安排她與吳佑佑醫師一起，在臺大兒童醫院對近百位自閉症家長演講。

她研究自閉症所用的老鼠模式，是在懷孕期間攪亂母鼠的免疫系統，出生的小老鼠就會呈現明顯的自閉行為。蕭教授在演講一開始就特別強調，孩子自閉症並不是母親的問題，母親一定不要因為聽了她的老鼠模式就怪罪自己，自閉症的成因真的還非常不清楚，不是因為打了疫苗，不是因為母親冷漠，更不是因為母親懷孕期感冒吃藥，亂了免疫系統。

蕭教授會如此在意母親們的感受，是因為「冰箱媽媽」理論的餘毒仍無所不在。這個百年前，一個烏龍教授提出的烏龍理論認為，像冰箱一樣冷酷的媽媽，是造成孩子自閉症的主因，自閉兒的沉默，被視為對冰冷家庭的抗議，都是母親的錯，父親也要負連帶責任，所以自閉兒必須送進機構，與父母隔離，這叫做「父母切除術」。這個理論長期影響民眾對自閉症的認識偏差。

另一個科學研究惹出的大烏龍更是到現在還餘波盪漾，英國皇家醫院的韋克菲爾德（Wakefield）醫師，一九九八年在頂尖醫學期刊《刺胳針》上發表論文，聲稱十二位注射三合一疫苗的兒童，有八位有類似自閉症的行為。不難想像引起多大的恐慌。雖然科學界馬上出面證明該研究是造假，韋克菲爾德醫師也被醫院撤職，論文被《刺胳針》撤下；可是媒體照樣大肆宣傳，加上反疫苗組織的推波助瀾，在許多國家或地區疫苗接種率因而腰斬，原本已經根除的麻疹、腦炎等疾病，沒幾年就又重現江湖。

那麼究竟為什麼孩子會得到自閉症？

是先天的基因問題嗎？是否是遺傳造成的？臺大醫院基因醫學部主任高淑芬教授是我國數一數二的自閉症權威，臺大醫院團隊確實發現ＷＮＴ２、ＥＮ２等好幾個基因和自閉症發展可能有關[1]，各國研究也都顯示，自閉症絕非單一基因所致。

是後天的環境問題嗎？發生率會在短短幾年內暴增，環境因素應該有一定影響。哈佛大學公衛學院的研究顯示可能與長期接觸如四氯乙烯、甲苯等環境毒素有關，但都沒有定論[2]。美國史丹佛大學一項針對雙胞胎的研究結論是：環境對自閉症風險的影響約百分之五十八，基因影響約百分之三十八[3]，環境與基因都有影響吧。

自閉症的病因是什麼？醫學上並無定論，不過絕對不是因為父母的養育態度或注射疫苗所造成。不過，這些年，越來越多的科學家相信，由腸道菌著手，**將為自閉症患者帶來一線曙光。**

二、腸道菌異常與自閉症的關係

許多統計研究都顯示，自閉症兒童最常出現的生理健康問題就是腸胃道問題，有高達百分之九十的自閉症兒童都有長期腹瀉或便祕的狀況，比平均值高三點五倍之多。近年對自閉症兒童腸道菌的研究也都指出，自閉症兒童都有腸道好菌（雙歧桿菌和乳酸桿菌）減少，壞菌（梭菌）增加的傾向。壞菌所產生的各種毒素濃度也都明顯增加，特別是對甲酚（p-cresol）[4][5]。二〇一三年義大利的研究就指出，對甲酚就是傷害自閉症兒童神經系統，導致行為異常的罪魁禍首[6]。這些研究論文也都會提及，利用益生菌矯正異常腸道菌相，將是對付自閉症的明日之星。

加州理工大學的蕭夷年教授團隊更利用自閉症動物模式，指出益生菌對自閉症可能具有一定的症狀舒緩效果，為自閉症治療帶來無限希望[7]。

他們給懷孕母鼠注射類病毒藥劑，干擾母鼠的免疫系統，生出來的小鼠果然呈現自閉症症狀，例如：正常小鼠會發出超音波和同伴溝通，自閉症小鼠不但溝通次數減少，每次溝通時間也很短，這就是典型的社交障礙。

自閉症小鼠的腸道菌當然也呈現異常，更有趣的是牠們的腸道屏障功能有缺陷，也就是俗稱的腸漏症。研究者發現一種腸道菌代謝物4EPS，在自閉老鼠血液中的濃度，竟然比正常鼠高出四十六倍之多，直接將4EPS注射到健康鼠血液中，健康鼠也變得焦慮。腸漏使得腸道毒素進入血液，可能影響大腦，在自閉症孩童血液中，也可以找到類似的腸道毒素。

蕭教授團隊發現自閉症鼠腸道中的脆弱擬桿菌（*Bacteroides fragilis*），比正常小鼠低很多，餵食脆弱擬桿菌後，果然老鼠的自閉症行為改善了，血液中的4EPS濃度降低，顯示腸道屏障修復了。

這項研究發表後，許多民眾瘋狂四處問，去哪裡可以買到這種脆弱擬桿菌呢？別找了，買不到的，這不是食品可用菌，也還沒有通過嚴格的藥品審查，更何況老鼠和人中間的差距不小，老鼠有效，不一定人就有效。不過這項研究確實指出利用益生菌治療自閉症的可能性。

益生菌對自閉症的臨床研究

使用益生菌治療兒童自閉症的臨床研究數據還很少，目前發表的臨床研究水準都不高，例如波蘭羅茲科技大學二〇一二年發表，給二十二位自閉症兒童服用Lallemand公司的嗜酸乳桿菌Rosell-11兩個月，看來部分自閉症行為有改善[8]，可是二〇一七年澳洲團隊指出，這項研究非但沒有控制組，更糟的是，如何評估自閉症行為也完全沒說明[9]。

二〇一七年，埃及研究團隊給三十位五到九歲自閉症兒童補充益生菌，三個月後發現自閉症症狀有所改善，而且便祕、脹氣、腹痛等腸胃症狀也同時改善[10]。這個研究發表在《營養神經科學》，是不錯的期刊。作者的結論是，益生菌可推薦作為兒童自閉症患者的一種低風險的輔助治療手段，可惜這是一項沒有安慰劑，不是雙盲的開放性臨床試驗。

唯一堪稱設計較完整的安慰劑控制雙盲試驗是英國雷丁大學在二〇一〇年所發表，以植物乳桿菌WCFS1介入三個月的研究[11]，很可惜的是收了六十二個病童，竟然只有十七人完成試驗，雖然結果似乎有幾項自閉症行為有改善，但是以如此少人數所做的統計分析，可信度實在不高。

我們團隊與哈佛大學及麻省總醫院團隊合作，針對上述這幾個研究，以及我們自己最近完成的自閉症臨床研究，寫了一篇統合分析論文，正在投稿中。因為是由立場中立的哈佛團隊主筆，稍微可洗刷掉我們球員兼裁判的嫌疑。

統合分析的結論是幾項由家長自評的量表，皆顯示益生菌對自閉症症狀確實是有明顯改善功效。下一節就會詳細敘述我們的臨床研究。

糞便菌移植（Fecal microbiota transplant, FMT）①是近年醫學界的大熱門，美國已經核准用於治療困難腸梭菌感染病患，我國也有幾個腸胃科團隊迫不及待，向衛福部申請試用在少數病例上。

亞利桑那大學二〇一七年發表對十八位自閉症兒童進行八週的ＦＭＴ治療，發現這些孩子的腸胃道症狀改善了八成，自閉症行為症狀也有明顯改善，停止治療後，效果至少持續了八週[12]。研究者說這只是前驅研究，馬上就會規劃一個完整的安慰劑控制雙盲試驗。

自閉症與腸道菌的關係已經被醫學界普遍接受，以益生菌或糞便菌移植，來治療自閉症的少數研究，看來也似乎蠻有希望。在美國，雖然還只有五分之

① 透過轉移健康捐贈者的糞便細菌，以灌腸、大腸鏡、或口服膠囊等方式，轉到病人腸道，以迅速恢復腸道菌平衡的醫學療法。

一的醫生支持自閉症兒童使用益生菌，但是三分之二的醫生並不反對家長給孩子使用益生菌。持保留態度的醫生也會說：「益生菌是否能緩解自閉症核心症狀尚不確定，不過對改善孩子的腸胃症狀總是有幫助。」醫學家們普遍認為值得投注更多研究資源，進行更多更嚴謹的臨床試驗。

PS128的自閉症臨床試驗

我們與宇寧診所的吳佑佑醫師合作，研究PS128益生菌對自閉症效果，則採用最嚴謹的RCT試驗（隨機雙盲安慰劑對照試驗）。總共收了八十位七到十五歲的自閉症男童。

當收到符合條件的受測者時，隨機分配到試驗組或安慰劑組，前者吃PS128膠囊，後者吃無功效的安慰劑膠囊。誰吃PS128膠囊，誰吃安慰劑膠囊，問診的醫師不知道，受試者也不知道，只有特定一位研究員知道，這位研究員不能與醫師或受試者有任何接觸。當試驗完全結束，才能「解盲」，開始統計分析數據，這就叫雙盲設計。

結果顯示，給七到十二歲的自閉症男童每天補充六百億PS128，四週後，雖然臨床醫師無法觀察到病情明顯改善，但是由家長填寫的四種量表，卻顯示出多項行為有所改善。

這是PS128的第一個自閉症臨床研究，我們發現這株菌似乎對比較年輕的孩子效果較明顯，對孩子的過動衝動以及對立反抗（也就是所謂的ADHD及ODD），有較佳的效果。基於這些結果，我們開始與馬偕醫院合作，針對學齡前自閉症兒童的第二項臨床研究。

這次我們將人數擴大到兩百位，男童女童都收；這次我們讓孩子服用PS128兩個月；我們採集血液、糞便，以及口腔樣本，而且在兩個月試驗結束後，還讓所有孩子繼續補充PS128四個月，希望觀察長期補充的效果。

相信藉由一次次的臨床試驗，我們會對PS128用在自閉症孩童上的效果，有更深的了解。PS128對自閉症效果研究才剛起步，哪種自閉症類型，哪種自閉症症狀比較有效，還非常不清楚；哪些病人個體因素，哪些環境因素會影響PS128效果，也不清楚。雖然無須等到都清楚了才來試用，不過在試用PS128時，請家長自己用心觀察，用心評估。

CHAPTER

6

腦腸保健基本功

一、膳食纖維是腸道好菌食物
二、益生菌是腦腸保健首選
三、補腦健腦，日常飲食與保健營養品雙管齊下
四、壓力管理：化壓力為動力
五、規律運動：舒服爽快，持之以恆
六、優質睡眠：大腦與腸道的清道夫
七、簡單的事情重複做

我十多年前在推廣腸道健康運動時，就舉出腸道保健六句金言：

- **飲食**：益生菌、膳食纖維、水是關鍵。
- **壓力**：學習與壓力共處。
- **規律**：由早睡、早起、早餐、早便開始。
- **運動**：要舒服爽快，而且持之以恆。
- **排便**：深信便祕一定能改善。
- **腸道健檢**：五十歲只是原則。

這六句金言到現在依然是放諸四海皆準的腸道保健金言。我們談腸道菌保健或腦腸保健，基本功還是飲食、壓力、規律及運動，只不過比重不盡相同，腦腸保健更重視壓力的管理。

一、膳食纖維是腸道好菌食物

科羅拉多大學偉爾（Weir）教授，在二〇一八年《科學》期刊的「飲食與健康」特集中，受邀寫了一篇論文，題為《高居飲食與健康交會點的腸道菌相》[1]，討論舊石器飲食（paleolithic diet）、地中海飲食、素食等，對腸道菌及健康的影響。這些飲食都富含豐富的膳食纖維及其他植物元素，也確實都可增加腸道菌相歧異度，以及增加好菌比例；相反的，含高量蛋白質的生酮飲食就明顯的對腸道菌有負面影響。

哈佛大學營養系在二〇〇二年所推出的「健康飲食金字塔」，中心思想就是「跟著植物走」（go with plants）。我國國健署所推廣的「每日飲食指南」的原則同樣也是「跟著植物走」，除了各種植物營養物質外，特別強調膳食纖維的攝取。

膳食纖維的每日建議量是三十克，每天要吃到足量的膳食纖維，需要相當的巧思與用心，主食要選全穀雜糧，我家吃雜糧米已經幾十年，先浸泡個幾小

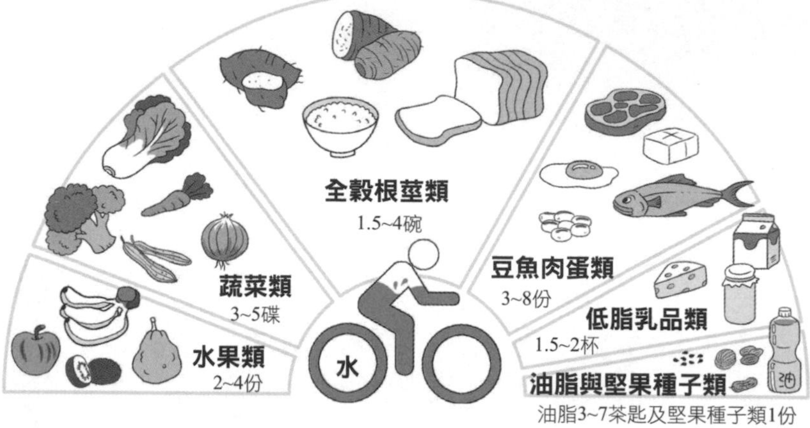

· 圖二十四　每日飲食指南
由衛生福利部國民健康署所頒布

· 圖二十五　哈佛健康飲食金字塔

① 天然食材或環境中的乳酸菌，沒被分離培養，證明其功效，不能稱之為益生菌。

時才煮，還是可以很Q軟好吃。水果要吃番石榴、蘋果、奇異果、香蕉等高纖水果。此外，還要多吃我稱之為高纖四金剛的豆類、薯類、菇蕈類及藻類。

雖然坊間也有販售膳食纖維產品，但我建議還是從日常飲食去攝取，「跟著植物走」這句口號，重點可不只是攝取膳食纖維，植物同時含有其他更多更重要的營養素。如果你真的想買高纖產品來吃，記得要同時多補充水分，否則可能會導致便祕。

二、益生菌是腦腸保健首選

每天補充幾百億益生菌，就能調控百兆腸道菌的平衡，這種狀況，我稱之為四兩撥千斤的腸道菌槓桿論。少數特殊益生菌還能與腸道免疫或腸道神經系統作用，調節免疫，影響精神心理。所以，談腦腸保健，益生菌一定是首選決勝武器。

能不能從日常飲食中攝取到足量的乳酸菌①呢？不太容易的，泡菜中會有，但泡菜太鹹太酸，量吃不多。味增也會有，但加熱後，乳酸菌也就所剩無幾。所以，民眾必須購買市售的益生菌發酵乳及菌粉產品，才能攝取到足量的益生菌。

如何選購發酵乳產品？

這問題容易回答。市面上發酵乳產品琳瑯滿目。購買前，請仔細看瓶身上的標示：用的是什麼菌株，有否標明菌數，保存日期如何，外包裝乾淨嗎？咦！怎麼有加蔗糖？發酵乳多少都有添加甜味劑，所以一天別喝超過一或兩瓶，同時別再喝其他不健康的含糖飲料，若還是擔心糖分攝取太高，那就請選擇低糖產品吧。

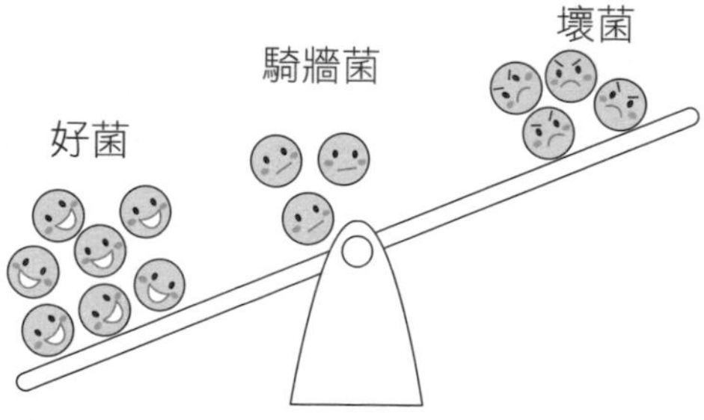

腸道菌相的動態平衡

· 圖二十六　四兩撥千斤的腸道菌槓桿論

如何選購益生菌菌粉產品？

這就真不容易回答了。發酵乳都是中大型企業生產，在有冷藏設備的超商販售，菌粉產品則生產者和行銷者不同，多數是中小企業，銷售通路更是多元，包括藥局、有機店、電視購物、網路商店、網紅、傳直銷都賣，價格由十多元一包或一粒到上百元都有，宣傳上天下海，各憑本事，實實在在的產品，銷售成績往往遠不如敢說敢推的產品。

其實要判讀理解益生菌菌粉產品的資訊，需要相當的專業知識，一般民眾不易判讀，但還是能大略從廠商聲譽、外包裝及網站資訊，判斷產品良莠。我還是可以提供幾點購買時的建議：

- 加了哪些菌株，有正確寫出菌種名及菌株編號嗎？
- 有否研究數據？
- 有否研究團隊支持？
- 菌數加多少？

・有否加些有互補功能的副原料？
・有沒有網站可以提供詳細產品資訊？

要判斷廠商專不專業，可從菌株標示的方式來判斷。專業公司的中英文不會出錯，英文菌名也懂得用斜體。此外專業的產品，也會主動在網站上註明研究團隊、研究數據，以表示對產品負責。

夠水準的產品每份都要有百億以上的活菌。副原料的部分，寡糖類、膳食纖維等，都是有助於腸道益生菌生長的益生元，加了有益；蔗糖、高果糖玉米糖漿，就僅是甜味劑，食用須注意熱量。

三、補腦健腦，日常飲食與保健營養品雙管齊下

要補腦健腦，由日常飲食下手才是王道，不過確實有些已有研究證明，具補腦功效的原料，不容易從飲食中足量攝取，我選了科學證據充分的三種介

紹。

1. 多元不飽和脂肪酸DHA、EPA：被稱為補腦脂肪酸，聰明脂肪酸的DHA、EPA，在深海魚油中含量最高。這類產品極多，名稱有魚油、DHA／EPA、Omega-3等，其實深海魚類、豆類等食材，都還算容易攝取，不過因為容易在烹調中被破壞，所以利用營養品加強補充也有好處。購買這類商品時，請注意看DHA與EPA的濃度，濃度越高越好。

2. 磷脂絲胺酸（phosphatidylserine）：俗稱腦磷脂，是腦神經細胞膜，以及包在神經軸突外部的髓磷脂的重要成分，是少數有數據支持，安全性高，可以增加認知及學習能力的保健成分[2]。

3. 銀杏葉萃取物：其營養保健品市場已達數億美元，在德法等國甚至是醫師處方藥。對阿茲海默症、失智症等的預防確實有幫助，不過對年輕人的記憶力增進，恐怕效果不彰。

日常飲食要吃什麼才能補腦健腦，不外乎能提供不飽和脂肪酸的深海魚類，如秋刀魚、青花魚、沙丁魚、鮭魚等，以及堅果類，如核桃、榛果、腰果、芝麻、葵花子等；能提供維生素及抗氧化物的菠菜、花椰菜、胡蘿蔔、南瓜、大棗、柑橘類、莓果類等。這些只是我信手捻來，其他還多得很，重點是三餐請吃豐富、多元且來源新鮮安全的天然食物，少吃加工食品。

四、壓力管理：化壓力為動力

二〇一二年，威斯康辛大學護理系的凱勒（Keller）博士團隊發表了一項有趣的研究[3]，他們利用在一九九八年的一項調查資料，問近三萬名民眾兩個問題：「過去一年裡你承受了多少的壓力？」以及「你是否認為壓力對你的健康有害？」然後連結到二〇〇六年時，有多少人已經死亡的記錄。統計結果發現在承受較大壓力的人群中，認為壓力是有害健康的人，死亡風險增加百分之四十三，但不認為壓力有害健康的人，死亡風險甚至比沒有壓力的人還低。結論是壓力無害，有害的是自己認為壓力有害的心態。

哈佛大學心理系的賈米森（Jamieson）博士也發表了一項跟如何看待壓力有關的研究[4]。他們先告訴一組受測者，緊張時的心跳加快、呼吸急促，都是為了讓大腦吸到更多氧氣，更能夠應付挑戰，是演化獲得的抗壓生理機制。接著讓他們承受壓力（發表演講），結果發現認知到壓力生理反應是有益於演講表現的受測者，不那麼緊張，更有自信，他們的心跳依然加快，但是血管卻是較為放鬆的，所以血流順暢。

怎麼作壓力管理？如何化壓力為動力？最有效的就是告訴自己，努力工作、挑戰目標所產生的壓力，都是為了要激發身心潛能的正常生理反應，能提高我們的工作表現。威斯康辛和哈佛的兩項研究都證明我們如何看待壓力，是決定我們是安享天年，還是早早過勞死的重要因素。

除了心理建設外，還有什麼是我們可以學習嘗試的紓壓方法呢？我向你推薦漸進式肌肉鬆弛法，身心一體，身體放鬆了，精神也就放鬆了。

漸進式肌肉鬆弛法原則就是將局部肌肉繃緊五到七秒，然後慢慢放鬆，

瞪大眼睛
將雙眼睜開到最大，
然後放鬆。

緊閉眼睛
緊閉雙眼，然後放鬆。

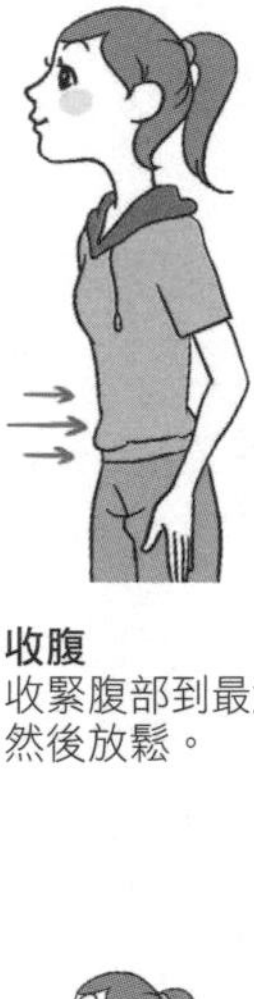

收腹
收緊腹部到最深，
然後放鬆。

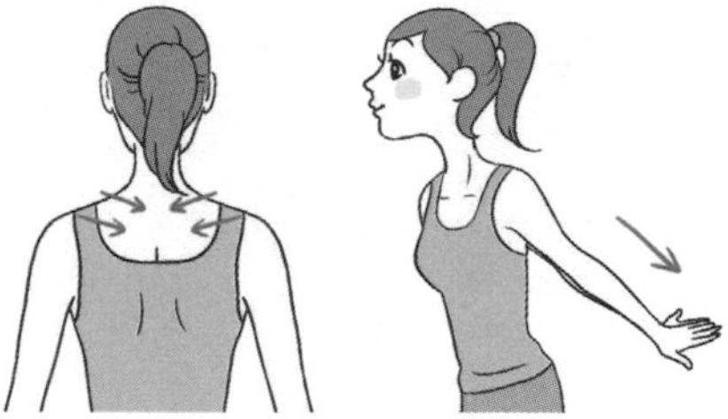

夾肩
將雙臂後舉，在不勉強的狀態下，夾緊肩胛骨之後放鬆。

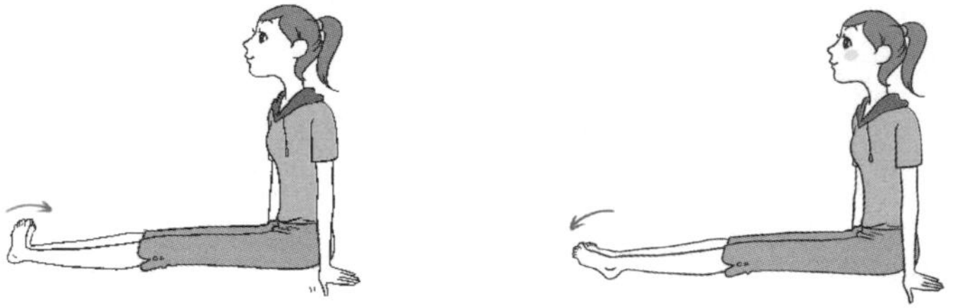

腳掌前伸、後彎
坐在瑜珈墊等軟墊上，雙腿伸直，接著盡量將腳掌前伸，然後放鬆，再盡量將腳掌後彎，然後放鬆。

·圖二十七　漸進式肌肉鬆弛法

要點是要專注體會肌肉的放鬆。例如睜大眼睛，緊閉眼睛，緊閉雙脣，用力握拳，張開手掌，夾背，聳肩，縮腹等，每個動作都專心用力做到極限，然後專心的感知肌肉的放鬆。

另外，深呼吸、太極拳、廣場舞、瑜珈、冥想、打坐、看日出、散步、芳療、按摩等，有效的紓壓方法太多，我就點到為止。

五、規律運動：舒服爽快，持之以恆

哈佛塔最下層是「每天運動，體重控制」，強調健康飲食建立在每天規律運動的基礎上。國健署新推的每日飲食指南，最吸睛的也是那位騎單車的人。（哈佛塔和每日飲食指南請見一八〇頁）

這裡所說的運動並不是指馬拉松，越野賽等激烈運動，過度激烈的運動反而會嚴重傷害腸道菌平衡以及全身免疫系統，這裡指的是健走、游泳、有氧舞蹈、騎單車等，全身肌肉群長時間反覆做節奏性活動的有氧運動；以及重量訓練，如拔河、深蹲，仰臥起坐、伏地挺身等肌肉負荷強度高，時間較短的無氧運動。

我建議你，選一種有氧運動，每週做兩三次，來燃燒熱量，提升心肺功能，改善血液循環。我也建議你，買一張瑜珈墊，上YouTube找幾個強度適宜的核心肌群訓練套組，在家每天做個十幾二十分鐘。以我自己為例，深蹲和棒式是我最常做，分別都有幾種變化，組合起來，就不覺膩了。總之，運動就是要舒服爽快，而且持之以恆。

六、優質睡眠：大腦與腸道的清道夫

美國羅徹斯特大學的內德加（Nedergaard）教授團隊將會引發阿茲海默症的澱粉樣蛋白（β--amyloid）注射入小鼠腦部，發現該蛋白質在睡眠時由腦血管排出的速度，遠高於清醒時的速度[5]。這項研究引起廣泛的迴響，我們需要充足的睡眠，才能有效清除大腦中的垃圾，有助於預防各種神經退化性疾病。

腸道也是在睡眠中做大掃除。當我們睡覺時，腸道會分泌一種叫做蠕動素（motilin）的荷爾蒙，促使腸道在睡眠中持續收縮蠕動，將便便推向下端的乙狀結腸，準備迎接早上晨起大蠕動時的順暢排便。蠕動素還會刺激消化酵素分泌，自動清洗腸道，恢復腸道的戰鬥力，準備迎接第二天的忙碌。

壓力管理做得好，運動規律地做，睡眠自然不會太差，再加上優化睡眠環境（窗簾、床墊、噪音、溫度等），注意睡前準備，別喝茶、咖啡，晚餐別吃太飽，少吃不易消化的食物，餐後散散步，睡前少用手機電腦等3C產品，別做傷腦筋的事，寫下明天要做的事等。這些習慣看似瑣碎，卻是優質睡眠的最佳幫手。

七、簡單的事情重複做

腦腸保健基本功，除了上述的飲食、壓力、運動、睡眠外，例如穩定的人際關係，活潑的心智等，想當然也都是要素，不過我認為「簡單的事情重複做」

才是祕訣心法。

有一位馬拉松名將說：「跑馬拉松很簡單，只要跑好每一公里就好了。」「簡單的事情重複做」的意義是把大目標分割成幾個小目標，仔細思考，這些小目標一個個達成後，是不是就可以組合成我想要達成的大目標，如果可能達成，就努力來做好每一個小工作，達成每一個小目標，這就是先把「事情簡單化」，然後來「做簡單的事」。重複做簡單的事情，心境平穩篤定，達成每一個小目標的成就感，自然成為下一階段的推動力。一公里一公里規劃得很清楚，完成每一階段的成就感也會很清楚，讓我們保持前進的動力。

腦腸保健，真的不困難！

CHAPTER

7

迷思

本章將藉九項益生菌迷思的討論，傳達一些重要概念。

Q1. 健康人不需補充益生菌？
Q2. 好的益生菌不需要冷藏？
Q3. 長期吃益生菌會產生依賴症？
Q4. 吃菌好？養菌好？
Q5. 腸道菌會「劫持」大腦？
Q6. 益生菌安全性研究不夠完備？
Q7. 益生菌會導致腦霧？
Q8. 益生菌不會在腸道定殖，吃了也沒用？
Q9. 服用抗生素後不應該攝取益生菌？

Q1 健康人不需補充益生菌？

「健康人何必吃益生菌？」「只有在生病時使用了抗生素後，才有必要補充一段時間的優質益生菌。」

網路上充斥著這些似是而非的言論，駁不勝駁，信者恆信。《腸命百歲2》談這問題時，是由「未病」角度切入論述，那時我說：「對那些少數真正健康的人，或已經病入膏肓的人，也許益生菌確實著力有限，益生菌能夠幫助的正是那些占了八九成的亞健康未病族群。」

經過這七八年，時代大大不同了，微生物體研究發展如火如荼，人體共生微生物，特別是腸道菌，已被認為和幾乎所有的生理病理都有密切關係，連帶地對益生菌功能的認知，也遠遠脫離過去非常低階的便祕改善，進化到免疫、代謝、消炎、神經心理等高階功能。時代真的不同了，你看益生菌的角度要不同，你對益生菌品質的要求也真的要不同。以前為了排便順暢吃益生菌，多數菌株都有幫助，現在為了改善免疫代謝，甚至精神心理，那就必須非常計較到底用什麼菌株，到底含多少菌數了。

我現在回答這個問題會直截了當地說，每個人都需要益生菌！**大家都應該依自己的健康狀況，選用不同功能的益生菌。**我們需要腸道保健型益生菌來保健腸道，我們更需要各種特殊功能型益生菌，來幫助我們對付不同的保健需求。益生菌是預防養生，是治病於未病，即使無病無痛，即使排便順暢，也請每日補充。益生菌為你帶來的好處，遠超過你的感覺。

講得太直白，也許你會認為我是為了扶持益生菌產業，那真太小看我這老教授天生的使命感，在這個領域，我就是先知先覺，為你指出必然的發展趨勢——大家都需要益生菌！

有人也會問，吃益生菌有何禁忌？誰不能吃益生菌？以下是我的建議：

- **重病患者：**要謹慎，至少急性期，如化療進行中，急性發炎期等，最好不要使用。
- **嬰幼兒：**開始吃副食品時才開始吃。
- **孕婦：**我會大力希望孕婦多吃益生菌，因為媽媽的腸道菌全面影響胎兒的發育。

・**年長者**：一般年長者對益生菌較不熟悉，又較節儉，通常不太接受益生菌，但是我的意見是要鼓勵長者多多吃益生菌，我母親今年九十三歲，過去十餘年，我一直讓她天天吃益生菌，以前只吃腸胃保健型的益生菌，PS128問世後，當然再加吃PS128，照顧母親的小妹麗娜說，開始吃PS128後，媽的話也多起來了。

★ **正解**

每個人都需要益生菌。大家都應該依自己的健康狀況，選用不同功能的益生菌，來幫助我們對付不同的保健需求。

Q2 好的益生菌不需要冷藏？

益生菌天生就是怕高溫，例如在二十五度的環境下可以安定地存放半年，三十七度也許連幾天也撐不了。

拜全球暖化之賜，夏天溫度經常突破三十多度，買了益生菌產品，不管該產品是標示常溫或低溫保存，都請你盡快回家，放進冰箱吧。冬天氣溫十幾二十度，就不需如此神經質，不過還是習慣性保存在冰箱。

有些公司銷售員會自豪地說，我家產品不須放冰箱，需要放冰箱的產品就是技術不到位。其實標示常溫保存的產品，並不一定就比標示冷藏保存的產品安定，可能只是廠商的市場考量。不管別人如何說，還是請你放冰箱，就看你是相信銷售員，還是相信我啦！標示要冷藏的產品，就乖乖冷藏，標示可常溫保存的，也還是乖乖冷藏，確保吃進肚裡的是高活性、菌數足的益生菌。

有兩類益生菌產品確實是可以室溫保存，一類是使用有孢子乳酸菌的，另一類就是死菌產品。

有胞子乳酸菌在市面上很常見，這類菌幾十年前叫做凝結芽孢乳酸桿菌，現在已經改名叫凝結芽孢桿菌。芽孢桿菌遇到惡劣環境或養分用盡時，會形成胞子，進入休眠狀態，這種胞子非常耐酸耐熱，必須用高壓高溫才能殺滅，在食品工廠裡，是令人頭痛的汙染主因，在腸道內的萌發率也令人擔心。芽孢桿菌確實有極少數特定菌株表現相當的整腸功能，不過整體而言，相關研究真的是太少了，我個人就非常不喜歡使用。

市面上，死菌產品也很多，例如日本的EC-12、KT-11等都是以死菌製作。死菌產品的功能通常是免疫調節，或由免疫增強衍生出來的如抗感染等的功能，因為是死菌，所以當然耐高溫耐酸。我們所研發的快樂菌PS23，死菌也和活菌同樣有效，目前也在開發各種常溫型產品。

也有人會詢問，是要冷凍或冷藏呢？

簡單地回答，最好冷藏，也可以冷凍，但不要進進出出。益生菌不怕凍，但怕反覆的凍結溶解，在細胞裡，冰晶形成又化解，最傷細胞結構。四到十度的冷藏保存就足夠了。

★ **正解**

不管該產品是標示常溫或低溫保存，都請習慣性地保存在冰箱。

Q3 長期吃益生菌會產生依賴症？

你聽過這個說法嗎？「過量的益生菌會造成腸道內菌群失衡，甚至讓寶寶患上益生菌依賴症，影響寶寶自己形成益生菌的功能，造成不吃益生菌就拉不出便便。」

網路上有關「益生菌依賴症」的訊息，多半引用北京某醫院兒科醫師的話，用詞皆極類似，是標準的網路傳言。

大致是說，人體長期使用人工合成的益生菌產品，會喪失自身繁殖有益菌的能力，久而久之人體腸道便會產生依賴性，醫學上稱之為「益生菌依賴症」，一旦患上益生菌依賴症，終生都將依靠和使用人工合成的口服益生菌產品來維持生命的健康狀態。

以上說法實在太荒謬，錯誤太多，不知為何會在網路流傳，應該是該醫生的說法有被扭曲。

藥物依賴性，也叫藥物成癮，是指由於連續地用藥而產生。人體對該藥品心理及生理上的一種依賴狀態，即使已知可能造成不良後果，仍然還是強迫性的繼續使用。

我的指導教授以前常說在學會演講時，要回答外行人提出的問題，遠比回答專家提的問題困難。說真的，要證明這樣一個空穴來風的說法是假的，是錯的，還真不容易。總之，就我的知識範圍所及，沒有任何正式的醫學研究證明，長期食用益生菌會使腸道喪失繁殖有益菌的能力，會導致依賴症，或會讓人成癮。

也許這麼說吧，有朋友平常大量吃益生菌，幫忙改善便祕，一停止吃，便祕又來，就怪罪是益生菌依賴症。在我看來，這不能稱作依賴症。如果這位朋友不積極改正自己的生活習慣、飲食習慣，想單靠益生菌來改善便祕，就是大錯特錯，這不是益生菌的問題，是當事人自己的問題。

★ 正解

沒有任何正式的醫學研究證明，長期食用益生菌會使腸道喪失繁殖有益菌的能力，而導致依賴症，或會讓人成癮。

Q4 吃菌好？養菌好？

養菌就是指補充益生元（Prebiotics，也可翻譯成益生質，網路上常稱為益菌生）。二〇一六年，國際益生菌及益生元學會（ISAPP）發表了益生元的定義：「能選擇性地被宿主微生物利用，且產生健康益處的物質。」這定義強調，益生元要能夠促進某些共生微生物生長，且必須明顯有益健康，當然不能被人體消化利用還是必要條件。

符合上述益生元定義，且累積足夠研究報告的物質有：半乳寡糖、果寡糖、木寡糖、母乳寡糖、抗性澱粉、果膠等。其中母乳寡糖和母乳菌同為構建新生兒健康腸道菌的重要因子，近年備受矚目。

學術界向來就有較支持益生菌及較支持益生元的兩種意見，不過多數學者皆同意兩者都重要，同時補充效益最高，兩種都添加的產品就叫做合生元（synbiotics）。

我要特別強調的是，益生菌的菌株數以百計，健康機能也越研究越廣泛，可是益生元就是那幾種。益生元都是經由影響腸道菌平衡，間接表現健康機能，而益生菌除了調控腸道菌外，還能直接與腸道免疫系統、神經系統對話。

兩者都重要，但益生元絕對無法取代益生菌，雖然益生菌因為是活菌，有許多難以避免的缺點，但是益生菌產業依然快速成長，對人類健康的重要性更是與日俱增。

★ 正解

不論益生菌或益生元都重要，同時補充效益最高。但益生菌除了調控腸道菌外，還能直接與腸道免疫系統、神經系統對話，因此益生元絕對無法取代益生菌。

Q5 腸道菌會「劫持」大腦？

〈我們的腸道菌會為自己找活路〉（Our microbiome may be looking out for itself）這篇文章在《紐約時報》科學報導的「最多人轉發」文章排行榜中，曾經排名第一，代表讀了這篇文章的人，都忍不住想與他人分享。

為什麼說我們的腸道菌會為自己找活路？

住在我們腸道中的百兆腸道菌，經常處於物競天擇，強大的演化壓力之下，互相競爭有限的食物資源，競爭有限的居住空間。例如，如果宿主，指我們，遵守健康原則，少吃油脂蛋白質，對腸道那群主要依賴油脂蛋白質增殖的菌群，就構成物種存續的威脅了，怎麼辦？

美國舊金山癌症中心梅里教授，提出近似科幻電影情節的有趣說法：「這些菌不會坐以待斃，他們會主動出擊，透過菌腦腸軸機制，去影響、操控，甚至劫持宿主大腦控制飲食行為的區域，讓宿主一直想去吃油脂蛋白質，不吃就一直感到焦躁不安，也不管那些食物是否會傷害宿主健康，是否會使血糖升高、體重上升。」

肥胖，過去認為和遺傳以及不健康飲食習慣很有關係，不健康飲食習慣，則又和家庭教養或個人意志很有關係，現在，菌腦腸研究居然說，其實是和腸道菌更有關係⁉

這些菌被視為「腸道壞菌」，其實它們也不是真的想傷害宿主，畢竟是千百萬年一起演化過來的親密共生關係，只不過是因為它們種族的利益與宿主的利益間，產生小小的衝突。其實讓宿主多吃些油脂蛋白質，只不過讓宿主血脂、血糖高了一些，不會造成立即性的危害，只要宿主願意多做些運動，也就沒事。我們的大腦就是這樣逐漸被腸道壞菌「劫持」，無法抵抗油脂美食的誘惑，於是就陷入代謝症候群的惡性循環。

當然，腸道裡另外還有一大群嗜食纖維素的菌群，它們也會為自己的利益，去影響／劫持／操控大腦，減少大腦對油脂蛋白質的興趣，多喜歡五穀蔬果些。五穀蔬果對人體有益，於是它們就被視為「腸道好菌」。

★正解

腸道菌會為了自己的利益，去影響大腦。腸道壞菌讓我們做不想做的事，吃不想吃的：腸道好菌會讓我們吃得健康營養，並且充滿活力。

① 影響係數（impact factor），指某一期刊的文章被引用的頻率，是衡量學術期刊影響力的一個重要指標。

Q6 益生菌安全性研究不夠完備？

當有人問我益生菌安全不安全？通常我是毫不猶豫地直接回答：「非常安全，不會有嚴重副作用。」為什麼現在要來談這個問題呢？因為二〇一八年七月，法國的Bafeta博士在《內科醫學年鑑》（*Annals of Internal Medicine*）發表一篇統合分析三百八十四篇益生菌的臨床試驗論文，聲稱這些臨床試驗對不良反應的紀錄，都不夠完備[1]。

因為該期刊是影響係數①將近二十的一流期刊，當然引起喜歡負面消息的媒體的高度關注。該論文的結論雖然不是直接說這些益生菌產品安全有問題，但作者用的語詞是：「不能概括地說這些產品是安全的。」沒說不安全，但卻強調不能說安全，媒體就最喜歡這種模糊的說法了。

不過多數學者還是蠻理智平和，有知名學者評論說，該論文說這是三百八十四項臨床試驗的報告中，對不良反應的記錄不夠詳細，根本沒說安不安全。還有學者說益生菌使用了近一世紀，從來沒聽過什麼嚴重的不良反應，以至於許多研究者根本不覺得需要記錄不良反應。英國雷丁大學的格倫・吉布森（Glenn Gibson）教授說：「我的團隊執行過五十項以上的臨床試驗，除了極少數受試者有輕微脹氣現象外，沒發生任何不良反應。」

益生菌有沒有副作用？我會很把握地說幾乎沒有。即使有，也是極為輕微且短暫。

有極少數的人在服用初期（幾天到一週），會有產氣較多、輕微腹痛、下痢，甚至還會反而便祕等不良反應，類似中醫常講的好轉反應，過個幾天就沒事了。話雖如此說，不過重病患者、有免疫疾病的人，在服用益生菌產品前，還是要徵詢一下醫生再服用較佳。

★ 正解

益生菌幾乎沒有副作用，即使有，也是極為輕微且短暫。

Q7 益生菌會導致腦霧？

美國奧古斯塔州立大學的饒（Rao）教授在《臨床轉譯胃腸科》期刊上，發表一篇臨床論文[2]，題目用了個有趣，但醫學上極少使用的名詞：「Brain fogginess」，翻譯成腦霧，真是神來之筆。

腦霧指忘東忘西，反應遲鈍，好像大腦籠罩一層迷霧，不是失智症，原因不明，而且沒有診斷標準。

該論文的結論是：「有腦霧的病人，很高比例也會有小腸細菌增生，及D型乳酸血症，當施予抗生素且停用益生菌時，症狀就改善」。

媒體最喜歡這種負面話題了，於是網路上流傳了許多聳動的標題：〈美國研究稱服用益生菌可能會導致腦霧〉，〈短暫失憶，肚子很脹，你可能是益生菌中毒〉等等。

我先來為大家導讀這篇論文，然後談談我的意見。

作者開宗明義說，這項研究的目的是想了解腦霧及腹脹現象，是否與小腸細菌增生（ＳＩＢＯ）、Ｄ型乳酸血症，以及服用益生菌有關。

為什麼扯到益生菌，也許是因為益生菌是細菌，而且會產生乳酸，所以當然有可能是嫌疑犯了。

什麼是ＳＩＢＯ？當胃酸太低，腸蠕動太慢等狀況下，小腸內的細菌會大量增生，造成腹脹、腹痛，全身莫名的不舒服。服用抗生素，殺掉這些細菌，症狀就可緩解。請注意，會在小腸增生的菌多數是如大腸菌、腸球菌、肺炎菌等不好的菌，很少是益生菌常用的乳酸桿菌或雙歧桿菌。甚至不少研究，反而是利用益生菌來改善ＳＩＢＯ症狀。

什麼是Ｄ型乳酸血症？一般人吃了碳水化合物，大部分在小腸消化吸收掉，少部分進了大腸，會被腸道菌分解產生乳酸，血中的乳酸濃度會因此短暫上升。但對於小腸切除或小腸吸收不良病人，碳水化合物大部分會進入大腸，腸道菌分解產生太多乳酸，就造成血液乳酸濃度太高。乳酸有分Ｄ型及Ｌ型，Ｌ型乳酸沒有問題，但血液中Ｄ型乳酸太高時，會有說話含糊、步態不穩、注意不集中，甚至昏迷等類似醉酒或腦霧的症狀。

常見的益生菌主要產生的是Ｌ型乳酸，Ｄ型乳酸產生量極低，不會造成血液中D型乳酸的濃度增加。所以，該論文所強調的SIBO和D型乳酸血症，學理上根本不會和益生菌扯上關係。

回到饒教授的論文吧。研究者從「三級照護中心」，招募因為不明原因的嚴重腸胃症狀，在中心接受治療三個月以上，而且有明顯腦霧症狀的三十位病患，及無腦霧症狀的八位病患。三十位有腦霧症狀的病患中，十一位有小腸細菌增生，二十三位有D乳酸中毒，而且這三十位都經常補充益生菌或優酪乳。八位無腦霧組則只有一位常吃益生菌。

接著研究者讓這些病患都停止吃益生菌及優酪乳，二十三位D乳酸中毒病人，更接受抗生素治療。結果腦霧及腸道症狀都明顯改善了。

請注意這個研究絕對不是像一些網路報導所說：「吃下益生菌，就出現腦霧症狀」，或說「益生菌攝取過多，使血液D型乳酸上升」。

這項研究是找來長期為不明原因的腸胃症狀所苦，嚴重到必須到三級照護中心接受治療，長達三個月以上的病患。這些病患為了改善腸胃症狀，當然都會想要補充益生菌，並不是因為吃了益生菌才生病的。叫這些原因不明的嚴重病患，停止補充益生菌，或給予抗生素治療，症狀就改善，實在太不可思議，我百思不得其解。

我的意見呢？我認為這項研究有趣，但做得不夠到位，說服力不強，懷疑益生菌和小腸細菌增生或D型乳酸血症有關，我個人認為太牽強。在使用抗生素且停吃益生菌後，症狀改善，此時再開始吃益生菌又出現症狀，那才真有得討論。不過以嚴重病患為試驗對象，本身變數就太多，實驗設計應該可以更周延。

況且，雖然這些人都有吃益生菌，但他們有神經精神症狀的時間與攝食益生菌先後順序並沒有記錄，也許在服用益生菌之前就有腦部的症狀。也就是說益生菌與症狀的產生或許沒有因果關係。

所以大家千萬別被網路報導牽著鼻子走，益生菌絕對不可能讓你腦霧，除非你有諸如短腸症等疾病。

★正解

除非你有諸如短腸症等疾病，導致碳水化合物大部分會進入大腸，造成血液乳酸濃度太高；否則益生菌絕對不可能讓你產生忘東忘西，反應遲鈍的腦霧反應。

Q8 益生菌不會在腸道定殖，吃了也沒用？

以色列懷茲曼科學研究所的埃利納夫（Elinav）教授團隊，二〇一八年九月，在超一流期刊《細胞》（*Cell*）上，背對背發表兩篇論文，分別點出民眾非常關心的兩項問題：《益生菌會不會定殖腸道？如果不會定殖，那吃了有用嗎？》[3]，以及《服用抗生素時，腸道菌大亂，是否應該大量補充益生菌？》[4]。

第一篇指出益生菌在某些人的腸道中，確實定殖性很差，第二篇挑戰傳統概念，認為服用抗生素後補充益生菌，反而延遲腸道菌回復到原有菌相。這兩篇論文經英國廣播公司（BBC）等主流媒體報導，再經網路渲染，掀起波濤萬丈。以《細胞》在學術上的高度，我無法視而不見，必須為讀者解讀。

先不管網路新聞所用〈益生菌，穿腸而過，無法定殖〉、〈益生菌不僅無益，還有害健康〉、〈益生菌，一個養生騙局〉等的聳動標題，我們來看BBC怎麼說。

BBC用的標題是〈益生菌被貼上「相當沒用」的標籤〉。針對第一篇論文，ＢＢＣ說：「以色列的研究顯示益生菌在半數健康人腸道中無法定殖，作用不大，量身定製應是益生菌未來發展方向。」針對第二篇論文，ＢＢＣ說：「益生菌延遲使用抗生素後的腸道菌群重建，顯示使用抗生素後，補充益生菌的作法有潛在副作用。」

其實ＢＢＣ的報導內容還算忠實呈現論文研究，不過所用的標題太負面，引發不少反擊聲浪，特別是一些代表性的營養或益生菌領域的國際學術組織，例如NutraIngredients第二天就炮轟ＢＢＣ的報導有嚴重誤導性：「Ｎｏ！ＢＢＣ！益生菌才不是沒用。」國際益生菌與益生元學會（ISAPP）的評論更是專業：「益生菌的價值，要看臨床表現，不是看能不能改變腸道菌相，能不能定殖腸道。」確實是這樣，這兩篇論文都只看益生菌對腸道菌相的影響，完全不管所用益生菌的功效性。

而且，這項研究用的益生菌（Bio-25）研究背景不清楚，沒有臨床數據，甚至十一株菌的組成也未說明。這真是非益生菌研究者的通病，不重視菌株的差異性。我深入去探查，他們所用的Bio-25應該是請韓國公司設計生產的，所用的部分菌株，近幾年確實有少數論文陸續發表。

在這裡，我先為各位解說益生菌在腸道的定殖問題，接著在迷思九，會詳細說明服用抗生素後，該不該攝取益生菌。

在第一篇論文《益生菌會不會定殖腸道？》中，作者找了十五位健康人，其中十人每天吃兩次以色列某公司的益生菌產品（Bio-25，含十一種菌株），吃四週，另外五人吃安慰劑。在實驗前及後，以內視鏡採取由胃到直腸，計十一處的組織切片、黏膜檢體及腸道內容物。分析菌相後，發現那十一株菌株確實會吸附到腸黏膜，但是有明顯的個體差異，十人中有六人吸附性強，四人較弱。作者說那六人的原生腸道菌群寬容性較強，容易接受外來菌的吸附，後四人則抵抗性強，外來菌打不進去。論文結論是有四成的人吃益生菌是穿腸而過，不會有效。所以，設計益生菌時，須考慮這種個體差異，最好要量身訂做。

益生菌本來就知道不易定殖，必須經常補充。吃進肚裡的那十一株益生菌，能否在腸胃定殖，定殖多久，都是因人而異。這完全是想當然的，我經常說當腸道菌相成熟健全後，再好的益生菌菌株，都無法常駐腸道。

作者因為益生菌定殖與否，個體差異大，所以建議益生菌必須走向個體客製化。我非常同意，不過不是因為定殖差異的問題才要客製化，而是因為益生菌功效性的個體差異性。ISAPP講得好，益生菌的價值決定於臨床功效。但是益生菌客製化，成本多高啊，而且，目前對益生菌的機制研究，才剛起步，要做有意義的客製化，還非常困難。

★ 正解

益生菌的價值決定於臨床功效，別太在意定殖與否，不定殖還是有益處，只是要經常補充。

Q9 服用抗生素後不應該攝取益生菌？

以色列懷茲曼科學研究所的埃利納夫教授團隊，在《細胞》上發表的第二篇論文——《服用抗生素時，腸道菌大亂，是否應該大量補充益生菌？》他們的研究方法很有趣，共找二十一位健康人，在服用七天廣譜抗生素（抗菌譜較寬的抗生素），殺滅大部分的腸道菌後，其中六人立刻作一次自體糞便菌移植，八人服用四週上述的Bio-25益生菌（參見迷思八），另外七人什麼都不做。

做自體糞便菌移植的六人，想當然的，腸道菌相立刻回復到實驗前的菌相，什麼都不做的七人，在一個月後，菌相也已回復得差不多。意外的是，服用四週Bio-25益生菌的八人，過了半年，菌相都還沒完全回復到試驗前的狀態；意思是，吃益生菌反而會延遲腸道菌回復原來的狀態。

其實，吃抗生素時要不要吃益生菌，也還是要看臨床功效。

吃抗生素，一定會改變腸道菌相，短期的影響是原本蟄伏在腸道的共生病原菌，有機會侵犯腸道，引發感染症狀；長期而言，會增加如過敏、代謝症候群等疾病的機率。短期引發感染容易理解，長期誘發慢性病的機制仍然未知。經常使用抗生素到底如何對腸道菌相留下傷痕，還需要更多研究才能理解。

以色列團隊看到使用抗生素後，腸道菌自然回復的速度比補充益生菌組快，但是，我認為自然回復的菌相是否真就是健康，還是仍然帶有長期會導致慢性病的隱性變化，難以判斷；相對的，益生菌組慢慢回復成與原先不同的菌相，是否就是不好，不看當事人的健康狀況，無法下定論。說實話，我認為這篇論文離要推翻「吃抗生素應加倍補充益生菌」的傳統概念，還遠的很。

二〇一八年十月，中研院生醫所的謝清河博士先用抗生素殺掉老鼠腸道菌再誘發老鼠心肌梗塞後，老鼠死亡率達到百分百，如果補充益生菌，則可以增強心臟修復能力，死亡率明顯降低。這是益生菌改善抗生素副作用的研究例。[5]

二〇一七年，美國內布拉斯加大學在印度完成一項發表在《自然》上的大型臨床研究，證明益生菌攝取顯著降低新生兒敗血症及呼吸道感染的機率。這是益生菌預防病菌感染，降低抗生素使用的研究例[6]。

抗生素濫用是全球健康大問題，益生菌被公認是對付這項問題的重要武器，這項研究應該看成是更深入理解「益生菌能夠做什麼以及不能夠做什麼」

的探索過程。益生菌對抗抗生素濫用的價值太高，絕對不能因為一篇論文就去質疑。

目前，我還是會跟你說：「服用抗生素時請加倍補充優質的益生菌。」

★正解

益生菌能降低抗生素濫用，不能因為一篇論文就否定它。服用抗生素時請加倍補充優質的益生菌。

結語

益生菌2.0——
期待更高，檢視更嚴

你有沒有想過，為什麼那麼多人肥胖？為什麼一半以上孩童過敏？為什麼憂鬱如此普遍？為什麼自閉兒越來越多？這些是暢銷書《我們只有百分之十是人類：認識主宰你健康與快樂的百分之九十細菌》（*10% Human*）作者柯琳（Collen）博士在書封所提出的連串問題，問題的答案都指向占我們身體細胞九成的那些共生菌，也就是所謂的微生物體。

微生物體這個主題在一九六〇年代開始出現，沉潛到二〇〇二年，每年發表的論文才開始突破百篇，但你相信嗎？二〇一九年的現在，一年所發表的論文數已經突破一萬一千篇。相信我，再過幾年，這個領域一定會出幾個諾貝爾獎。

五年十年後，當你去醫院看病，醫生除了叫你量血壓，抽血外，可能還會請你帶些糞便樣本，分析你的腸道菌相（腸道微生物體），然後才對你的病情做得出判斷，開得出處方。我說這絕非天方夜譚，你等著瞧。

微生物體研究帶動益生菌產業，無論是基礎、臨床、應用，各方面都向高科技快速進化，有稱之為益生菌轉型（Proibotics in transition），有稱之為益生菌革命（Probiotics revolution），稱之為益生菌2.0吧，更接地氣！

益生菌2.0，可以由新菌株與新功能兩方面來詮釋。

新菌株方面，微生物體大紅大紫後，有些由腸道分離，具特殊生理功效的高度厭氧菌株，開始被注目，例如紅遍半邊天的阿克曼氏菌（*Akkermansia muciniphila*）、普拉梭菌（*Faecalibacterium prausnitzii*）等，又能抗癌，又能減肥，對代謝疾病、發炎疾病都有效。

這些菌株因為不是傳統常用的益生菌株，所以被稱為「次世代益生菌」（next-generation probiotics）[1]。這些菌株安全性未知，培養困難，必須投入大量研發資源，才可能投入市場，但是仍然吸引許多新藥新創公司參與競爭，成為推動益生菌2.0的動力車頭。美國食品藥物管理局（FDA）在二〇一六年重新公布活菌製劑（Live biotherapeutic products）臨床試驗指引，也是因應這項發展趨勢。

新功能方面，益生菌2.0，和大眾切身相關的是新的健康功效如雨後春筍，幾乎涵蓋我們一生所可能面對的健康問題。

過去，我們補充益生菌僅僅為了改善便祕、脹氣、消化不良、腹瀉等腸胃問題。現在呢？科學研究顯示包括免疫過敏、心血管、糖尿、膽固醇、代謝調節、癌症預防等，益生菌都有神奇功效。隨著菌腦腸軸浮上檯面，益生菌的功能更堂堂進入壓力、憂鬱、記憶、疲勞等的精神心理領域，也就是我說的「腦腸新世紀」。

在腦腸新世紀裡，大家會因為想要緩解憂鬱情緒，多些快樂心情，少些疲勞無奈，讓腦子裡多一些快樂荷爾蒙，多些動機衝力等目的，就來敲益生菌的門。

在腦腸新世紀裡，自閉症、妥瑞症、ADHD、憂鬱症、巴金森氏症、失智症等，過去，或者因為醫藥效果無法令人滿意，或者因為副作用太強，病患難以承受，現在，精神益生菌能夠在正規醫療外，提供多一個輔助選項。

新菌株、新功能，益生菌2.0的時代，我們應該如何跟上益生菌革命腳步？

「期待可以更高，檢視必須更嚴」，這是我深思熟慮後提出的答案。

期待真的可以拉得更高，益生菌2.0，功能性研究日新月異，越深越廣，雖然仍然以動物實驗為主，人體研究還追不上來，但是已經足夠讓大家拉高對益生菌的期待。

在以前微生物學家眼裡只有病菌危害健康的時代，在乳酸菌和益生菌仍然混淆不清的時代，益生菌產品只要能夠快速改善排便就覺得不錯，也不太在乎菌株菌數，現在不同了，也許是希望孩子過敏改善，讀書專心些，希望老公血壓血脂降低，疲勞感少些，希望老婆憂鬱舒緩，睡得好些，甚至無病無痛，僅僅是為了讓腸道菌更加健康，民眾就會來買益生菌吃。

期待更高的同時，產官學界開始紛紛拿起放大鏡，用更嚴格的眼光來檢視益生菌，例如美國FDA因應趨勢，趕緊加強活菌製劑的管理法規[2]，以色列學者質疑益生菌的定殖性，且認為服用抗生素時不應該補充益生菌（第七章迷思八、九），法國學者認為益生菌的安全性數據不夠完備（迷思六），頂尖的《新英格蘭醫學雜誌》也發表美加兩項大型臨床試驗發現，兩種知名的益生菌產品對治療兒童腸胃炎無效[3][4]。

又例如，我們的衛福部開始要求益生菌廠商不但要標明所用菌種，甚至要精準標明到菌株的層次，因為是國際趨勢企業只好配合。你知道嗎？最近有研究指出不同工廠發酵，或同一家工廠的不同批次發酵所得的益生菌，功效竟然差異甚大[5][6]，以後豈止要講究到菌株的層次，甚至還要標明代工生產工廠，以及要能夠證明不同生產批次生產的菌體功效的一致性。

期待更高，檢視更嚴，益生菌2.0的時代，企業卯起勁來，提升益生菌的品質，學界卯起勁來，深耕益生菌作用機制的基礎研發，政府管理單位也毫不留情地加強管理，這就是益生菌2.0。

一般民眾在對益生菌期待更高的同時，也要努力建立正確紮實的益生菌知識，不能只是被動地接受銷售廣告灌輸似是而非的消息。我希望大家成為懂得分辨是非，知識型益生菌愛好者，正確了解益生菌對健康的好處，正確運用益生菌來促進自己及親友的健康。我努力寫書，四處演講，所求的也是傳達正確的益生菌保健概念，協助大家能夠正確地建立對益生菌的期待。

如何更嚴的檢視？簡單說，就是如何正確地評價益生菌產品。

益生菌2.0的時代，你看益生菌的角度要不同，你對益生菌品質的要求也要不同，以前吃排便順暢，很多菌株都多少有幫助，菌數就算是幾十億也多少有效，也許你可以不用太在意，但是如果你要追求的是免疫、代謝，甚至精神心理等益生菌的高階機能，那就必須非常計較到底用什麼菌株，到底含多少菌數了。

益生菌2.0的時代，大家要更重視知識的充實，更重視產品背後的研發，更理解什麼叫做菌株特異性，什麼叫做禁得起考驗的產品品質。不要只是傻傻地接受銷售語言的洗腦。要懂得分辨這個產品是不是那種打幾個電話，買幾種常見菌種，送到代工廠，產品就出來的「電話產品」，資金大量投到廣告以及罰金，不知研發或品質為何物。

益生菌值得更高的期待嗎？我的答案是ＹＥＳ，但益生菌還可以更好，請給予更嚴格的檢視與批判。益生菌是預防養生，是治病於未病，正確補充高品質的益生菌，能為你帶來的好處，遠超過你的感覺。

讀完這本書，你的腸道知識又更上一層，你準備好起而行了嗎？我們的身體原本就內建有強力的修復再生機能，只要用心，只要積極，自然會找出一條適合自己的養生大道，向著標竿直跑，步履輕快，充滿喜樂感恩。

簡單的事情重複做，時時刻刻不馬虎，腦腸健康帶給大家身心靈全面健康。

附錄

快樂菌PS128使用者的心得見證，
以及精神科醫師的期待。

自閉症的義松

撰述者：田詠生　義松的母親

我的兒子義松，高大、溫和並且努力，他是無口語能力的自閉症患者。過去，感謝一些提供我們經濟支援的家庭，我們得以讓義松嘗試各種特殊教育和輔助療法，然而，這些療法都無法改善義松在必須換穿新鞋時發作的恐慌與焦慮。他曾經堅持穿同一款式和顏色的涼鞋，在他快速成長的階段，我們必須一次買三雙同款式的鞋子，並且每三個月就經歷一次換新鞋的硬仗。我們也必須準備好三套他的玩具與ＤＶＤ，以避免壞掉或是故障。如果沒有備品，一旦壞了或是故障，他會非常沮喪，重複地問我們玩具在哪？有時會問到完全不睡覺。我記憶中最糟糕的狀況是，有一次玩具壞掉，他每五分鐘問一次，直到精疲力盡睡著，但是醒來後又繼續問，整整持續了三天。雖然身為父母很辛苦，但是我想更辛苦的是他。一個人如何能夠持續並且「必須」想一個東西想到無法睡覺呢？義松只要強迫症狀發作，全家就陷入最深的夢魘，包括他自己。

二〇一三年，我的舅舅蔡英傑教授告訴我他的研究室開發了一種針對強迫症大鼠有效果的益生菌。我讀了他的研究論文，發現有症狀的大鼠行為和義松一樣。我心想，益生菌吃了對人體無害，何妨讓義松試試？如果能改善狀況就太好了！於是我們開始使用PS128。第一次吃下去的十五分鐘後，義松問了我一個問題，使用的是他從沒有用過的字，我回答他後，他又回應了我！我想不可能才一次就有如此大的變化，或許只是試過這麼多療法中的一個進展罷了。我們繼續每天讓他食用PS128，兩個月後一些事情開始發生：他說話的詞語變化增加了，願意穿不同的衣服，偶爾會想要與人共處，甚至能不哭不鬧忍受他人生第一次完整的洗牙。然後，他第一次帶著笑臉毫無抗拒地穿上了一雙新的涼鞋！（確切日期是二〇一四年七月十八日）並且整個夏令營都穿著新鞋。第一次穿新鞋沒有眼淚！直到這一刻，我們真的相信PS128確實對義松的進步有幫助。

服用一年多後，義松學會「放手」，例如，我終於可以戴上已經配了兩年的「新」眼鏡而不使他抓狂；他可以接受家裡的窗簾不必開到他指定的角度；可以接受我不再戴著一頂讓他安心的帽子。雖然在玩具或ＤＶＤ不見時，他還是會重複詢問，但頻率已降至一天只有幾次，不再像過去那樣恐慌。

使用PS128四年多後，義松目前十六歲，可以透過打字，流暢地與人溝通。他為了取得高中學位開始了整合學習課程，目前他參加的三個課程全部都拿到A+的成績。PS128仍然是每日兩次不可缺少的補充品。PS128讓他擺脫了焦慮感。現在我們一家可以只攜帶兩個中型皮箱就出門去享受放鬆的旅行。過去，我們必須打包兩個大型箱子，裡面裝滿了他所需要的專屬食品，以及能幫助他感覺平靜，不能缺少的DVD和玩具。義松現在可以每天上四小時的課，幾乎都能夠自制並且專注。他也很享受週間的教會團契以及主日學課程等活動。最近一個小型雜誌刊登了他撰寫的第一篇短文。此外，他也寫了一個線上課程給學習字母的學生，賺了一點點小錢，雖然很少，但是意義深重。

PS128幫助義松脫離焦慮，以致於可以投入許多他想做的事情。其他自閉症家庭時常驚訝於他平靜而開心的樣子，以及做事情的耐性。一日兩次，持續五年使用PS128真的幫助他非常多，也沒有任何的副作用，我們會讓他繼續使用。曾經有一次PS128斷糧三個星期，他對於許多小事很在意的強迫行為又開始出現。PS128讓義松腦筋放鬆，可以學習新事物，同時也讓我的生活改善，我不再整天害怕又會有什麼東西壞掉，讓義松又陷入悲傷沮喪的情緒。PS128是一份祝福，透過它改變生命，特別是改變了我的生命！

巴金森氏症的何祥

撰述者：王先生　何祥的同性伴侶

何祥現年七十五歲，二〇一六年六月確診為巴金森氏症，確診前一年時間，已經陸續出現病症，注意力不集中、反應力記憶力變差，雙手顫抖、走路碎步與拖步等。

確診後開始服用西藥，三個月後各病症越益明顯，且有劑末反應與頻尿等副作用。在這段時間我查詢很多資訊，得到一個結論是巴金森氏症是不可逆的病，意指目前無藥可癒，只會每況愈下，我們都能夠接受這個事實，但是我在旁照顧壓力極大，情緒幾近崩潰，連續一個月的時間每晚睡覺時，牽著何祥的手，以淚洗面，萬萬沒想到身體狀況一直比實際年齡年輕許多的何祥，似乎一夜之間衰老！一直到二〇一七年二月，我經歷焦慮、疑懼、恐慌、喪氣等各種悲觀與負面情緒但又不敢形於外。

二〇一七年三月因緣際會下，何祥開始服用益生菌PS128，我參閱官網資訊後心想，反正我已束手無策，就賭一把。我把不安的情緒放下，做了一個重要決定：把何祥出現的各種病症列舉並記錄。剛開始預計是每七到十天記錄一次，但是隨著何祥病症轉好的速度加快，我就採取觀察到就記錄的不定時記錄方式。另外我僅在何祥不知情的情況下側拍，以免失真。

二〇一七年三月十九日，雙手顫抖減緩是第一個觀察到的轉好情況，之後各病症一路轉好減緩，情況確實讓我訝異並感到希望與期待，我以照顧者的角度，開始嘗試各種活動，包括五到七天的旅遊，連續參加聚會活動，從事適量運動如游泳。短短兩到三個月時間，包括我的家人、摯友都看出來何祥明顯的不同。

二〇一七年九月七日何祥回診身心科，在回覆醫師問診時，他自覺好像已經有一個月可以一覺到天亮，我也被提醒，已經有一段時間何祥沒有每晚起床四五次尿尿了，而且心情也變得滿好，雖然憂鬱、躁鬱情況仍會發生，但發生的頻率和每次發生的時間都減少，這些情況著實出乎我們意料！而這期間何祥的巴金森氏症用藥和抗憂鬱藥、安眠藥都已經在醫囑下減少，這種情況真令人振奮。二〇一七年十月二十五日，我們回診神經內科，醫師診察何祥的情況後說：「先停用巴金森氏症的藥，觀察三個月再看情況調整。」一直到二〇一八年九月二十九日回診，醫師仍維持一年前的看法：不需要用西藥！

靜靜回想這一年半的歷程，我歸納何祥轉好的因素，按時且規律地服用PS128是主因，而均衡飲食、適合與適量的營養品補充、多從事戶外活動與運動、常和朋友聚會、充足的睡眠，都是病症轉好的相輔相成因素，當然，有一個貼心又值得信任的照顧者在旁陪伴，確實功不可沒！

很多病友與照顧者都會想嘗試各種有幫助的方法，如果確實是安全有用的方法，要及時開始！這一年多的時間我們也和諸多病友交流與分享服用PS128的心得，「我可以單腳站立穿褲子」、「我爸用藥量已減至最低」、「我爸現在可以自己拉拉鍊扣釦子了，比較願意出門」、「我的心情好多了，睡得也很安穩」，這些看似簡單的轉好情況，對病友們來說確實難能可貴不可多得！

精神科醫師心得：從懷疑到推薦給病患

撰寫者：邱瑞祥 中壢迎旭診所院長、精神專科醫師

世界衛生組織（WHO）在上個世紀末時，就已經預言：癌症、憂鬱症、愛滋病，將是廿一世紀影響人類最鉅的三大疾病。現在看來，的確所言不假。精神科醫師在臨床上治療憂鬱症，這二三十年來，才終於說服民眾：憂鬱症是大腦生病了，不能只是停留在「心病還需心藥醫」的處理，而是要生理—心理—社會（bio-psycho-social）多面向地介入。確實已經有成千上萬的憂鬱症患者在服用抗憂鬱藥物之後獲得改善。但不可諱言的，還是有一部分的憂鬱症患者在現有的治療模式下，仍然無法獲得滿意的療效。畢竟現代醫學對於大腦的瞭解，其實還是相當有限。

腸道菌相以及益生菌的研究，近年已經是顯學。在國際專業網站上可以找到上千篇有關「菌腸腦軸線」的研究論文。而蔡老師提出的新解方——快樂益生菌（PS128），對於還在陰暗的角落飲泣的患者來說，提供了一線曙光。

對於一個新的產品，我從好奇、懷疑，到接受，進而推薦給我的病患。畢竟它不是藥物，沒有健保給付，民眾需要自掏腰包購買。分享之前，我必須以嚴謹的態度來檢驗它。當然要自己先試用看看。試用幾天之後，感覺對外在的壓力似乎都能較淡然處之（而一般抗憂鬱劑都是要連續服用數週之後才能見效），而且也沒有任何不適。於是我開始推薦給一些對精神科藥物仍有疑慮，或不建議服藥（如孕婦），或原本藥效仍不理想者，大都有或多或少的正面回饋。這也讓我對快樂益生菌（PS128）越來越有信心。後來我也推薦給一位極重度智能障礙合併嚴重情緒問題以及干擾行為的個案。他的嚴重干擾行為已經讓機構照護人員難以招架，要求媽媽儘快帶回家。在現有可用的精神科藥物很努力地調整無效之後，我建議試用快樂益生菌（PS128）看看。兩週後媽媽回來告訴我，照顧他這麼多年來，從來沒有像現在這麼輕鬆的感覺。後來媽媽自己也吃，還推薦給面臨相同困擾的家長。我自己都深受感動，好久沒有這種成就感了！

現代醫學講究「Evidence-Based」，所謂「實證醫學」。或許有些醫師質疑，這所謂快樂益生菌，有臨床「隨機採樣、雙盲」的人體實驗嗎？該不會只是安慰劑的效果（Placebo effect）吧？現在快樂益生菌（PS128）產品以健康食品上市，確實是沒有人體臨床實驗，但快樂益生菌（PS128）上市以來，在國內外獲獎連連，屢獲國際間各界專家的肯定，是不爭的事實。蔡老師當然不以現況為滿足。據我所知，跟數家醫學中心的人體實驗已經在進行中，希望不久的將來就能看到成果。

精神科醫師心得：改善情緒的輔助方法

撰寫者：蔡佳芬 臺北榮總老年精神科主任

最近幾年，因著世界上關於腸道菌的研究進展迅速，腸道的健康又受到許多關注。其實腸道菌與人類健康的關係，自古以來便被醫師或科學家觀察到。舉例來說，大家都熟知的腸胃道潰瘍疾病，不只是吃吃胃藥就能好，還必須消滅掉胃腸幽門桿菌才能真正根治。進一步更是發現，胃腸幽門桿菌的根除，可減少日後罹患胃部癌症的風險。腸道菌跟腸胃道疾病有關連性，好像是想當然爾。但是腸道菌跟精神健康又有什麼關聯呢？身為一個精神科醫師與腦科學博士，這回要來跟大家介紹，腸道菌跟腦部健康的關聯性。

目前的研究發現，人體的腸道菌在腦部發展過程中，扮演關鍵的角色；從神經髓鞘的形成、神經新生，和免疫相關的小神經膠細胞的活化都有影響，更可以透過調節人的行為症狀，來調控腦部健康，例如一個人的神經發展，情緒和認知功能等。兒童及青春期是腸道菌組成和神經元發育最重要，但也是最脆弱的時期。過去研究發現，發生於幼年期的某些影響，包括母體分娩的方式、哺餵方式，曾經使用的藥物，巨大壓力或是遭受感染，都會影響體內腸道菌的組成。隨著年齡增加，研究也發現健康老化與體內維持多樣的腸道菌呈現相關。相對地，隨著年齡的增長，腸道菌的多元性下降，可能會導致罹患神經退化性疾病，如失智症或是巴金森氏症的風險增加。

雖然大家常常會誤以為壓力太大，憂鬱等症狀是「心病」，也常把精神科醫師誤以為是「心理醫師」。其實我們人體中的思想與情緒管理系統，是存在我們的「腦」中。壓力反應系統，主要是經由下丘腦—腦下垂體—腎上腺軸（Hypothalamic-pituitary-adrenal axis, HPA）來應變。當我們面臨壓力，這個壓力軸線便會被活化，接著皮質酮釋放因子會從下視丘釋放，刺激腦下垂體前葉釋放促腎上腺皮質激素，最後再誘導腎上腺皮質中的糖皮質激素的合成和釋放。

以前的科學家發現，如果讓小鼠從出生開始就待在無菌的環境，反而會造成該動物遭遇壓力時，會表現出HPA軸的過度反應，導致皮質酮在面對壓力時過度升高，進而惡化健康。如果以人類來比喻的話，可以說就好像小時候被過度保護，長大遇到挫折反而無法抵抗壓力。最令科學家感到驚奇的是，倘若將此種無菌鼠施以對照鼠的正常菌種植入後，則HPA軸的反應就可以正常化。

這個實驗給了後來的科學家許多啟發，串起了腸道菌與精神健康的橋梁。針對憂鬱者的腸道菌，國外的研究者已經發表不少文獻，指出腸道菌在調節憂鬱症上，可能扮演著關鍵角色。憂鬱症者腸道菌的多樣性跟健康對照組不同，如果只針對最著名的益生菌來看，憂鬱症者身上的雙歧桿菌及乳酸桿菌數量顯著比健康對照組來得低。另外一個研究則是發現，如果憂鬱者身上的普拉梭菌越少，則憂鬱者的症狀越為嚴重。新近的研究，更是利用了糞便菌移植的技術，將嚴重憂鬱症患者的腸道菌移植到動物身上，發現可以引發動物出現憂鬱的行為和生理特徵。這個著名的研究進一步支持了腸道菌與憂鬱症之間具有關鍵聯繫的假說。有篇發表在《科學》雜誌上的研究報告，是針對一千多名荷蘭受試者的各種資料與腸道微生物組成進行分析，也再度支持了人類腸道菌組成與憂鬱症之間存在相關性。

科學家很快就想到，如果腸道菌跟憂鬱症有關係，那麼是否可以透過這個理論來發展治療的方法呢？首先他們利用益生菌來進行動物研究，發現在減少動物模型中的類憂鬱行為方面，顯示出不錯的效果。舉例來說，將小鼠動物母子分離，誘發小鼠出現分離焦慮與憂鬱的動物模型中，給予含有特定乳酸桿菌的益生菌混合食物，可改善牠的憂鬱及焦慮行為，並使血中的皮質酮濃度正常化（代表壓力反應改善）。另外的研究則是給予特定雙歧桿菌，發現大鼠在強迫游泳試驗中，也顯示出憂鬱症狀減輕。針對益生菌補充對人體壓力反應行為的研究，也支持腸道菌在壓力和情緒反應中扮演著重要角色。組合某些益生菌已被證明可有效增加受試者對壓力的抵抗力，並改善健康受試者的情緒反應。

針對腦部健康這個議題，綜合動物與人體試驗的研究成果，目前認為大腦神經系統的發育和功能調控，與腸道菌的多樣性和組成相關，因此寄宿在人體的微生物群，可能會影響到腦部健康。憂鬱症、自閉症、注意力不足過動症、失智症及巴金森氏症等，都被認為與腸道菌改變關係密切。醫學及科學家正在著力於用各種方式改變腸道菌，例如給予抗生素，補充益生元或是益生菌，甚至是利用糞便菌移植的技術來移植健康者的腸道生態系到病患身上，希望能改善疾病的症狀，或是下降罹病的風險。

改善腸道健康，腸腸健康就能喜樂。時常有許多憂鬱症患者，在診間詢問，除了規則服藥，接受心理治療之外，還有什麼是能改善情緒的輔助方法呢？建議大家，要規律運動、加強日晒、注重飲食、補充維他命B群、攝取益生菌，這些不僅是抗憂鬱的良方，也都是抗老化的健康生活好方法。

參考文獻

Chapter1

❶ Stuckler D et al. (2013) The progress of nations: what we can learn from Taiwan. *Lancet 381:185-7.*

❷ Fu TS et al. (2013) Changing trends in the prevalence of common mental disorders in Taiwan: a 20-year repeated cross-sectional survey. *Lancet 381:235-41.*

❸ Schmidt C.(2015) Mental health: thinking from the gut. *Nature 518:S12-5.*

❹ Bested AC et al. (2013) Intestinal microbiota, probiotics and mental health: from Metchnikoff to modern advances: Part I - autointoxication revisited. Part II- contemporary contextual research. Part III- convergence toward clinical trials. *Gut Pathog. 5:3,4,5.*

❺ Mackowiak PA (2013) Recycling metchnikoff: probiotics, the intestinal microbiome and the quest for long life. *Front Public Health. 1:52.*

Chapter2

❶ Salamone JD (2018) Dopamine, effort-based choice, and behavioral economics: basic and translational research. *Front Behav Neurosci. 12:52.*

❷ Zhang MZ (2011) Intrarenal dopamine deficiency leads to hypertension and decreased longevity in mice. *J Clin Invest. 121:2845-54.*

Chapter3

❶ Gordon JI (2012) Honor thy gut symbionts redux.*Science 336:1251-3.*

❷ Sudo N et al. (2004) Postnatal microbial colonization programs the hypothalamic-pituitary-adrenal system for stress response in mice. *J Physiol. 558:263-75.*

❸ Diamond B et al.(2011) It takes guts to grow a brain: Increasing evidence of the important role of the intestinal microflora in neuro- and immune-modulatory functions during development and adulthood. *Bioessays. 33:588-91.*

❹ Bravo JA et al. (2011) Ingestion of Lactobacillus strain regulates emotional behavior and central GABA receptor expression in a mouse via the vagus nerve. *Proc Natl Acad Sci 108:16050-5.*

❺ O'Mahony L et al. (2005) Lactobacillus and bifidobacterium in irritable bowel syndrome: symptom responses and relationship to cytokine profiles. *Gastroenterology. 128:541-51.*

❻ Braniste V et al. (2014) The gut microbiota influences blood-brain barrier permeability in mice. *Sci Transl Med. 6:263ra158.*

❼ Bercik P et al. (2011) The anxiolytic effect of *Bifidobacterium longum* NCC3001 involves vagal pathways for gut-brain communication. *Neurogastroenterol Motil. 23:1132-9.*

❽ Montiel-Castro AJ et al, (2013) The microbiota-gut-brain axis: neurobehavioral correlates, health and sociality. *Front Integr Neurosci. 7:70.*

❾ Stilling RM et al. (2016) The neuropharmacology of butyrate: The bread and butter of the microbiota-gut-brain axis? *Neurochem Int. 99:110-132.*

Chapter4

❶ Dinan TG et al (2013) Psychobiotics:a novel class of psychotropic.. *Biol Psychiatry. 74:720-6.*

❷ Schmidt C. (2015) Mental health: thinking from the gut. *Nature 518:S12-5.*

❸ Bambury A (2018) Finding the needle in the haystack: systematic identification of psychobiotics. *Br J Pharmacol. 175: 4430-38.*

❹ Diop L et al. (2008) Probiotic food supplement reduces stress-induced gastrointestinal symptoms in volunteers: a double-blind, placebo-controlled, randomized trial. *Nutr Res. 28:1-5.*

❺ Messaoudi M et al (2011) Assessment of psychotropic-like properties of a probiotic formulation (*Lactobacillus helveticus* R0052 and *Bifidobacterium longum* R0175) in rats and human subjects. *Br J Nutr. 105:755-64.*

❻ Romijin AR et al. (2017) A double-blind, randomized, placebo-controlled trial of *Lactobacillus helveticus* and *Bifidobacteriium longum* for the symptoms of depression. *Aust N Z J Psychiatry 51:810-21.*

❼ Steenbergen L et al. (2015) A randomized controlled trial to test the effect of multispecies probiotics on cognitive reactivity to sad mood. *Brain Behav Immun. 48:258-64.*

❽ de Roos NM et al. (2015) The effects of the multispecies probiotic mixture Ecologic®Barrier on migraine: results of an open-label pilot study. *Benef Microbes. 6:641-6.*

❾ Horvath A et al. (2016) Randomised clinical trial: the effects of a multispecies probiotic vs. placebo on innate immune function, bacterial translocation and gut permeability in patients with cirrhosis. *Aliment Pharmacol Ther. 44:926-935.*

❿ Whorwell PJ et al. (2006) Efficacy of an encapsulated probiotic *Bifidobacterium infantis* 35624 in women with irritable bowel syndrome. *Am J Gastroenterol. 101:1581-90.*

⓫ Yuan F et al. (2017) Efficacy of *Bifidobacterium infantis* 35624 in patients with irritable bowel syndrome: a meta-analysis. *Curr Med Res Opin. 33:1191-7.*

⓬ Ringel-Kulka T (2017) Multi-center, double-blind, randomized, placebo-controlled, parallel-group study to evaluate the benefit of the probiotic *Bifidobacterium infantis* 35624 in non-patients with symptoms of abdominal discomfort and bloating. *Am J Gastroenterol. 112:145-51.*

⓭ Bravo JA et al. (2011) Ingestion of Lactobacillus strain regulates emotional behavior and central GABA receptor expression in a mouse via the vagus nerve. *Proc Natl Acad Sci U S A. 108:16050-5.*

⓮ Kelly JR et al. (2017) Lost in translation? The potential psychobiotic *Lactobacillus rhamnosus* (JB-1) fails to modulate stress or cognitive performance in healthy male subjects. *Brain Behav Immun. 61:50-9.*

⓯ Allen AP et al. (2016) *Bifidobacterium longum* 1714 as a translational psychobiotic: modulation of stress, electrophysiology and neurocognition in healthy volunteers. *Transl Psychiatry. 6:e939.*

⓰ Kato-Kataoka A et al. (2016) Fermented milk containing *Lactobacillus casei* strain Shirota preserves the diversity of the gut microbiota and relieves abdominal dysfunction in healthy medical students exposed to academic stress. *Appl Environ Microbiol. 82:3649-58.*

⓱ Sugawara T et al. (2016) Regulatory effect of paraprobiotic *Lactobacillus gasseri* CP2305 on gut environment and function. *Microb Ecol Health Dis. 27:30259.*

⓲ Nishida K et al. (2017) Para-psychobiotic *Lactobacillus gasseri* CP2305 ameliorates stress-related symptoms and sleep quality. *J Appl Microbiol. 123:1561-70.*

⓳ Slykerman RF et al. (2017) Effect of *Lactobacillus rhamnosus* HN001 in pregnancy on postpartum symptoms of depression and anxiety: A randomised double-blind placebo-controlled trial. *EBioMedicine. 24:159-65.*

⓴ Chao SH et al. (2010) *Lactobacillus odoratitofui* sp. nov., isolated from stinky tofu brine. *Int J Syst Evol Microbiol. 60:2903-7.*

㉑ Chao SH et al. (2012) *Lactobacillus futsaii* sp. nov., isolated from fu-tsai and suan-tsai, traditional Taiwanese fermented mustard products. *Int J Syst Evol Microbiol. 62:489-94.*

㉒ Li SW et al. (2017) Bacterial composition and diversity in breast milk samples from mothers living in taiwan and mainland China. *Front Microbiol. 8:965.*

㉓ Liu YW et al. (2016) Psychotropic effects of *Lactobacillus plantarum* PS128 in early life-stressed and naïve adult mice. *Brain Res.1631:1-12.*

㉔ Liu WH et al. (2016) Alteration of behavior and monoamine levels attributable to *Lactobacillus plantarum* PS128 in germ-free mice. *Behav Brain Res. 298:202-9.*

Chapter5

❶ Chien YL et al. (2017) The central nervous system patterning gene variants associated with clinical symptom severity of autism spectrum disorders. *J Formos Med Assoc. 116:755-764.*

❷ Grandjean P. et al. (2014) Neurobehavioural effects of developmental toxicity. *Lancet Neurol. 13:330-8.*

❸ Hallmayer J et al. (2011) Genetic heritability and shared environmental factors among twin pairs with autism. *Arch Gen Psychiatry. 68:1095-102.*

❹ Ding HT et al. (2017) Gut microbiota and autism: key concepts and findings. *J Autism Dev Disord. 47:480-9.*

❺ Kang DW et al. (2018) Differences in fecal microbial metabolites and microbiota of children with autism spectrum disorders. *Anaerobe 49:121-31.*

❻ Persico AM et al. (2013) Urinary *p*-cresol in autism spectrum disorder. *Neurotoxicol Teratol. 36:82-90.*

❼ Hsiao EY et al. (2013) Microbiota modulate behavioral and physiological abnormalities associated with neurodevelopmental disorders. *Cell. 155:1451-63.*

❽ Kaluzna-Czaplinska J et al. (2012) The level of arabinitol in autistic children after probiotic therapy. *Nutrition. 28:124-6.*

❾ Srinivasjois R et al. (2015) Probiotic supplementation in children with autism spectrum disorder. *Arch Dis Child. 100:505-6.*

❿ Shaaban SY et al. (2018) The role of probiotics in children with autism spectrum disorder: A prospective, open-label study. *Nutr Neurosci. 21:676-81.*

⓫ Parracho, H. M. et al (2010). A double-blind, placebo-controlled, crossover-designed probiotic feeding study inchildren diagnosed with autistic spectrum disorders. *Intern J of Probiotics and Prebiotics, 5:69-74.*

⓬ Kang DW et al. (2017) Microbiota transfer therapy alters gut ecosystem and improves gastrointestinal and autism symptoms: an open-label study. *Microbiome. 5:10.*

Chapter6

❶ Gentile CL et al. (2018) The gut microbiota at the intersection of diet and human health.

Science. 362:776-80.
❷ Kim HY et al. (2014) Phosphatidylserine in the brain: metabolism and function. *Prog Lipid Res 56:1-18.*
❸ Keller A et al. (2012) Does the perception that stress affects health matter? The association with health and mortality. *Health Psychol. 31:677-84.*
❹ Jamieson JP et al. (2012) Mind over matter: reappraising arousal improves cardiovascular and cognitive responses to stress. *J Exp Psychol Gen. 141:417-22.*
❺ Xie L. et al. (2013) Sleep drives metabolite clearance from the adult brain. *Science 342:373-7.*

Chapter7

❶ Bafeta A et al. (2018) Harms reporting in randomized controlled trials of interventions aimed at modifying microbiota: A systematic review. *Ann Intern Med. 169:240-247.*
❷ Rao SSC et al. (2018) Brain fogginess, gas and bloating: a link between SIBO, probiotics and metabolic acidosis. *Clin Transl Gastroenterol. 9:162.*
❸ Zmora N et al. (2018) Personalized gut mucosal colonization resistance to empiric probiotics is associated with unique host and microbiome features. *Cell. 174:1388-405.*
❹ Suez J. et al. (2018) Post-antibiotic gut mucosal microbiome reconstitution is impaired by probiotics and improved by autologous FMT. *Cell. 174:1406-23.*
❺ Tant TWH et al. (2019) Loss of gut microbiota alters immune system composition and cripples post-infarction cardiac repair. *Circulation 139:647-59.*
❻ Panigrahi P et al. (2017) A randomized synbiotic trial to prevent sepsis among infants in rural India. *Nature. 548:407-12.*

結語

❶ O'Toole PW et al. (2017) Next-generation probiotics: the spectrum from probiotics to live biotherapeutics. *Nat Microbiol. 2017 2:17057.*
❷ Early clinical trials with live biotherapeutic products: chemistry, manufacturing, and control information: Guidance for Industry.
❸ Schnadower D. et al. (2018) *Lactobacillus rhamnosus* GG versus placebo for acute gastroenteritis in children. *N Engl J Med. 379:2002-14.*
❹ Freedman SB et al. (2018) Multicenter trial of a combination probiotic for children with

gastroenteritis. *N Engl J Med. 379:2015-26.*

❺ Palumbo P et al. (2019) The Epithelial Barrier Model Shows That the Properties of VSL#3 Depend from Where It Is Manufactured. *Endocr Metab Immune Disord Drug Targets. 19:199-206.*

❻ Biagioli M et al. (2017) Metabolic variability of a multispecies probiotic preparation impacts on the anti-inflammatory activity. *Front Pharmacol. 8:505.*

CARE系列042

腸命百歲3：快樂菌讓你不憂鬱

作　者—蔡英傑
主　編—陳信宏
編　輯—王瓊苹
責任企畫—曾俊凱
封面設計—Ancy PI
內文排版—極翔企業有限公司
校　對—蔡英傑、王瓊苹、謝惠雯、陳姿琪

編輯顧問—李采洪
發 行 人—趙政岷
出 版 者—時報文化出版企業股份有限公司
10803台北市和平西路三段二四〇號三樓
發行專線—（〇二）二三〇六—六八四二
讀者服務專線—〇八〇〇—二三一—七〇五
（〇二）二三〇四—七一〇三
讀者服務傳真—（〇二）二三〇四—六八五八
郵撥—一九三四四七二四時報文化出版公司
信箱—台北郵政七九～九九信箱

時報悅讀網—http://www.readingtimes.com.tw
電子郵件信箱—newlife@readingtimes.com.tw
時報出版愛讀者—www.facebook.com/readingtimes.2
法律顧問—理律法律事務所　陳長文律師、李念祖律師
印　刷—勁達印刷有限公司
初版一刷—二〇一九年三月十五日
初版三刷—二〇一九年六月十七日
定　價—新台幣三五〇元

時報文化出版公司成立於一九七五年，
並於一九九九年股票上櫃公開發行，於二〇〇八年脫離中時集團非屬旺中，
以「尊重智慧與創意的文化事業」為信念。

腸命百歲. 3：快樂菌讓你不憂鬱 / 蔡英傑著. -- 初版. -- 臺北市：時報文化, 2019.03
面；　公分. -- (Care系列；42)

ISBN 978-957-13-7724-7(平裝)

1.乳酸菌 2.腸道病毒 3.健康食品

369.417　　108002139

ISBN 978-957-13-7724-7
Printed in Taiwan